トクトク 問題シール

おまけ
シール

▼ 6ページ　**花シール**　　▼問題には使いません。

▼ 9ページ　**育ち方シール**

▼ 18ページ　**きん肉シール**

▼問題には使いません。

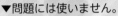

▼ 43ページ　**月シール**

▼ 45ページ　**星シール**

午後9時

午後8時

▼ 52ページ　**化石シール**

JN085426

▼ 70ページ　**豆電球シール**

豆電球

つく　　　　つかない　　　　つかない　　　　つかない

▼ 73ページ　**かん電池シール**

▼ 85ページ　**重さシール**

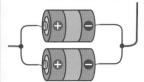

キログラム
25kg

キログラム
25kg

トクとトクイになる! 小学ハイレベルワーク
1・2年 理科 もくじ

第1章 植物の ふしぎ
1 植物の 体の つくりと 育ち方 … 4

第2章 動物の ふしぎ
2 こん虫の 体の つくりと 育ち方 … 8
3 きせつと 生き物,
　生き物の つながり …… 12
4 人や 動物の 体の つくり …… 16
5 生き物と 空気・食べ物 …… 20

第3章 太陽と 光の ふしぎ
6 太陽, 日なたと 日かげ …… 24
7 光 …… 28

第4章 天気の ふしぎ
8 雲と 天気, 気温と 天気 …… 32
9 天気の 予想, 台風 …… 36

第5章 月と 星の ふしぎ
10 月 …… 40
11 星 …… 44

第6章 大地の ふしぎ
12 流れる 水の はたらき …… 48
13 地そう …… 52
14 地しん, 火山 …… 56

第7章 水の ふしぎ
15 氷と 水, 水じょう気 …… 60
16 身の まわりの 水の へんか … 64

第8章 電気と じしゃくの ふしぎ
17 電気の 通り道 …… 68
18 電気の はたらき …… 72
19 じしゃくの はたらき …… 76

第9章 力と ものの ふしぎ
20 風と ゴムの 力 …… 80
21 ものの 重さと 形 …… 84

答えと考え方　別冊

【写真提供】アフロ, 気象庁, PIXTA

✦ 特別ふろく ✦
| 1 | シール | トクトク問題シール |
| 2 | WEBふろく | 自動採点CBT |

WEB CBT(Computer Based Testing)の利用方法
コンピュータを使用したテストです。パソコンで下記 WEB サイトへアクセスして, アクセスコードを入力してください。スマートフォンでのご利用はできません。

アクセスコード／ **Arbbb2b8**

https://b-cbt.bunri.jp

この本の特長と使い方

この本の構成

標準レベル ✦

実力をつけるためのステージです。
実験・観察の方法とあわせて各テーマで学習する内容をまとめ，標準レベルの演習問題で構成しています。
「ものしりクイズ」では，学習内容に関連した豆知識を紹介しています。

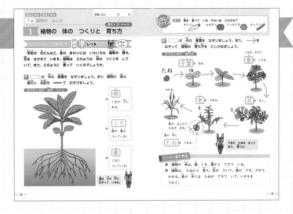

ハイレベル ✦✦

少し難度の高い問題で，応用力を養うためのステージです。
グラフなどをかく作図問題や長めの文章で答える記述問題，実験・観察のやりかたなど，多彩な問題で構成しています。

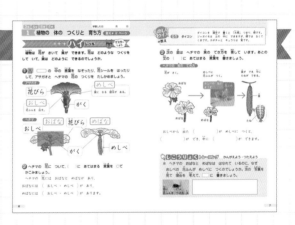

とりはずし式
答えと考え方

丸つけがしやすい縮刷の形になっています。
単元のねらいは「ポイント」に，重要事項や補足は解説を設けています。
まちがえた問題は，時間をおいてから，もう一度チャレンジしてみましょう。

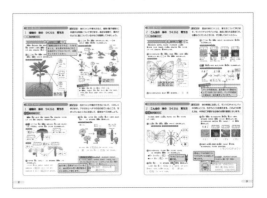

『トクとトクイになる！小学ハイレベルワーク』は，教科書レベルの問題ではもの足りない，難しい問題にチャレンジしたいという方を対象としたシリーズです。段階別の構成で，無理なく力をのばすことができます。問題にじっくりと取り組むという経験によって，知識や問題を解く力だけでなく，「考える力」「判断する力」「表現する力」の基礎も身につき，今後の学習をスムーズにします。

おもなコーナー

学習内容に関連した豆知識をクイズ形式で紹介しています。答えたクイズをいろいろな人に紹介してみましょう。

ノートにまとめる

単元で学習する内容を，ノートの形式にまとめています。くり返し読んで，ポイントを確認しましょう。

しこうりょく トレーニング

思考力・判断力・表現力を養う問題を取り上げています。
図や資料を見ながら，答えをみちびきましょう。
むずかしい問題には，ヒントもついています。

役立つふろくで，レベルアップ！

❶トクとトクイに！ トクトク問題シール

問題を解くときに使うシールです。どのシールが貼れるか考え，楽しみながら理科の学習を進めることができます。

❷一歩先のテストに挑戦！ 自動採点 CBT

コンピュータを使用したテストを体験することができます。専用サイトにアクセスして，テスト問題を解くと，自動採点によって得意なところ（分野）と苦手なところ（分野）がわかる成績表が出ます。

「CBT」とは？

「Computer Based Testing」の略称で，コンピュータを使用した試験方式のことです。
受験，採点，結果のすべてがWEB上で行われます。
専用サイトにログイン後，もくじに記載されているアクセスコードを入力してください。

https://b-cbt.bunri.jp

※本サービスは無料ですが，別途各通信会社からの通信料がかかります。
※推奨動作環境：画角サイズ　10インチ以上　　横画面
　[PCのOS] Windows10以降　　[タブレットのOS] iOS14以降
　[ブラウザ] Google Chrome（最新版）　Edge（最新版）　safari（最新版）
※お客様の端末およびインターネット環境によりご利用いただけない場合，当社は責任を負いかねます。
※本サービスは事前の予告なく，変更になる場合があります。ご理解，ご了承いただきますよう，お願いいたします。

1 植物の 体の つくりと 育ち方

標準レベル トライ しよう

　学校の 花だんなど, 身の まわりには いろいろな 植物が 育ち, 花を さかせて います。植物は どのような 体の つくりを して いて, また, どのように 育って いくのでしょうか。

1 ◯ の 中の 言葉を なぞりましょう。また, 植物の 体の 部分と 名前を ―― で むすびましょう。

ホウセンカの 体の つくり

根
くきの 下に ある。

くき
根や 葉が ついている。

葉
くきに ついている。

根は 土の 中に 広がって いるね。

Q1 根を 食べて いる やさいは どれかな?

ダイコン 　カボチャ　ジャガイモ　キュウリ

2 ◯◯◯ の 中の 言葉を なぞりましょう。また,──➤ を
なぞって 植物の 育ち方を たしかめましょう。

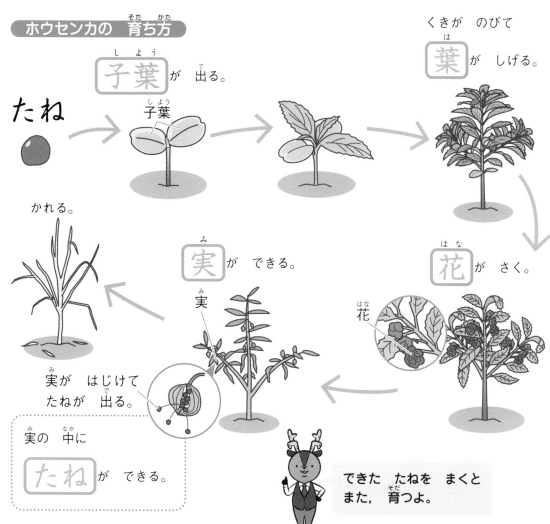

ホウセンカの 育ち方

子葉 が 出る。

たね

子葉

くきが のびて
葉 が しげる。

かれる。

実 が できる。

実

花 が さく。

花

実が はじけて
たねが 出る。

実の 中に
たね が できる。

できた たねを まくと
また, 育つよ。

ノートにまとめる

● 植物の 体は, 根, くき, 葉から できて いる。

● 植物は, たねから 育ち, 花が さいて, 実が でき, やがて,
かれる。実の 中には たねが できて いて, いのちを
つなぐ。

1 植物の 体の つくりと 育ち方 答え▶ 2 ページ

✦✦✦ **ハイ**レベル マスター しよう

植物は 花が さいて 実が できます。花は どのような つくりを して いて, 実は どのように できるのでしょうか。

❶ 花シール ▢ の 中の 言葉を なぞったり, 花シールを はったり して, アサガオと ヘチマの 花の つくりを たしかめましょう。

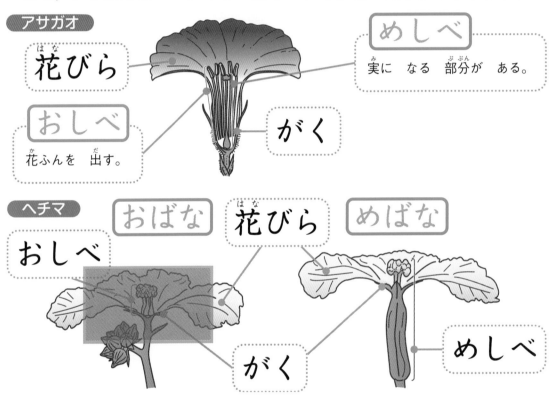

アサガオ

花びら

めしべ
実に なる 部分が ある。

おしべ
花ふんを 出す。

がく

ヘチマ

おばな　花びら　めばな

おしべ

がく

めしべ

❷ ヘチマの 花に ついて, ( )に あてはまる 言葉を ○で かこみましょう。

ヘチマの 花には おばなと めばなが あり,

おばなには (おしべ ・ めしべ)が あり,

めばなには (おしべ ・ めしべ)が あります。

Q1　ダイコン

ダイコンを　漢字で　書くと　「大根」，つまり，根です。
ジャガイモは　土の　中に　できますが，根では　なくて
くきです。カボチャと　キュウリは　実です。

❸ 次の　図は　ヘチマの　実の　でき方を　表して　います。あとの
文の　（　　　）に　あてはまる　言葉を　書きましょう。

◀ ヘチマの　実の　でき方 ▶

花が　さく。　　　　　　　　めしべに　　　　　　　　実が　でき，中に
　　　　　　　　　　　　　花ふんが　つく。　　　　　たねが　できる。

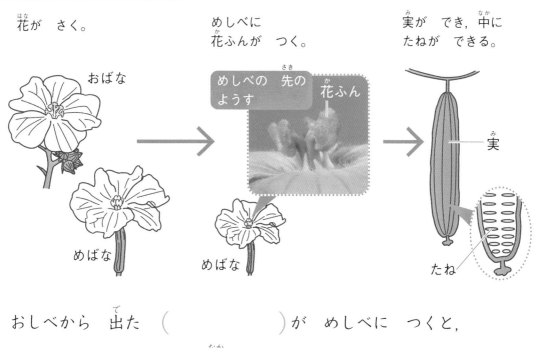

おばな

めばな

めしべの　先の
ようす

花ふん

めばな

実

たね

おしべから　出た　（　　　　　　　　）が　めしべに　つくと，

（　　　　　　　　）が　でき，中に　（　　　　　　　　）が　できます。

💡 しこうりょく トレーニング　　かんがえよう・つたえよう

☆　ヘチマの　おばなと　めばなは　はなれて　いるのに，なぜ
おしべの　花ふんが　めしべに　つくのでしょうか。次の　写真を
見て　理由を　考えて，□に　書きましょう。

体に
花ふんを　つけた　虫

答え▶ 3 ページ

2 こん虫の 体の つくりと 育ち方

標準レベル　　　　トライ
しよう

　草むらなどを さがすと，チョウや バッタなどの こん虫を 見つける ことが できます。こん虫は，どのような 体の つくりを して いて，どのように 育つのでしょうか。

1 モンシロチョウの 頭を 赤色に，むねを 青色に，はらを 黄色に ぬりましょう。また，▭ の 中の 言葉を なぞりましょう。

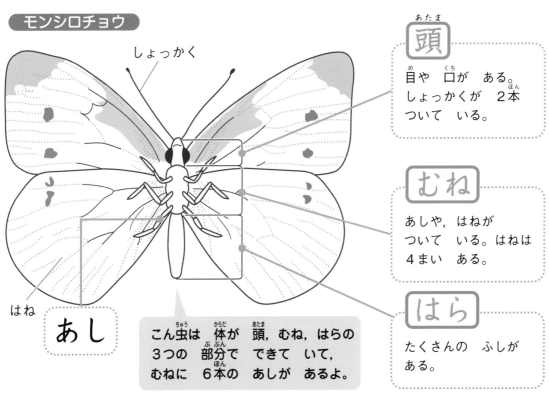

モンシロチョウ

しょっかく

はね

あし

頭
目や 口が ある。
しょっかくが 2本
ついて いる。

むね
あしや，はねが
ついて いる。はねは
4まい ある。

はら
たくさんの ふしが
ある。

こん虫は 体が 頭，むね，はらの
3つの 部分で できて いて，
むねに 6本の あしが あるよ。

2 モンシロチョウには あしが 何本 ありますか。（　　　）本

ものしり
？クイズ　**Q2**　ダンゴムシの　あしの　数は　何本？
6本　　　14本　　　20本　　　100本

3 □□□の　中の　言葉を　なぞって　モンシロチョウの　育ち方を　たしかめましょう。

モンシロチョウの　育ち方

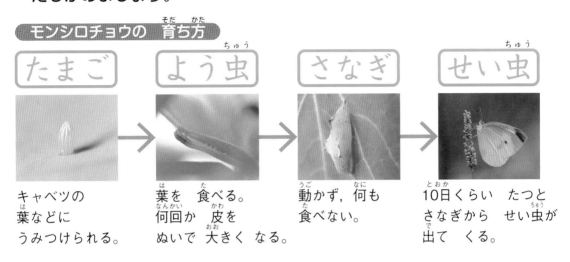

| たまご | よう虫 | さなぎ | せい虫 |

キャベツの
葉などに
うみつけられる。

葉を　食べる。
何回か　皮を
ぬいで　大きく　なる。

動かず，何も
食べない。

10日くらい　たつと
さなぎから　せい虫が
出て　くる。

4 育ち方シール　育ち方シールを　はって，バッタの　育ち方を　たしかめましょう。

バッタの　育ち方（ショウリョウバッタ）

さなぎに
ならないよ！

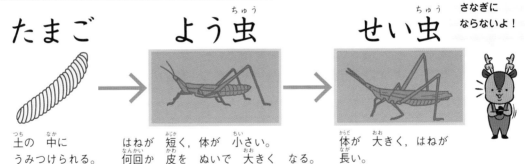

| たまご | よう虫 | せい虫 |

土の　中に
うみつけられる。

はねが　短く，体が　小さい。
何回か　皮を　ぬいで　大きく　なる。

体が　大きく，はねが
長い。

ノートにまとめる

🔵 体が　頭，むね，はらの　3つの　部分で　できて　いて，
　あしが　6本　ある　生き物の　なかまを　こん虫と　いう。

🔵 こん虫には，さなぎに　なる　ものと，ならない　ものが
　いる。

9

2 こん虫の　体の　つくりと　育ち方　答え▶ 3 ページ

★★★ ハイ レベル ……… マスターしよう

　バッタなど，ほかの　こん虫も，チョウと　にた　体の　つくりを
して　います。

❶ こん虫の　体の　部分と　名前を ―― で　むすびましょう。

モンシロチョウ　　バッタ（ショウリョウバッタ）

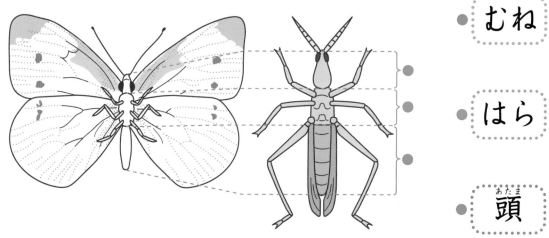

・ むね

・ はら

・ 頭

❷ モンシロチョウと　バッタの　体の　つくりを　くらべて，
（　　）に　あてはまる　言葉を　○で　かこみましょう。

●体の　分かれ方は，（　同じ　・　ちがう　）。

●あしの　数は，（　同じ　・　ちがう　）。

上の　図を　見て，
かくにんしよう。

❸ 次の　文の　（　　）に　あてはまる　言葉や　数字を　書きましょう。

　こん虫の　体は　頭,（　　　　　　　）,（　　　　　　　）の　3つに
分かれて　います。こん虫の　あしは（　　　　　　　）本　あり,

（　　　　　　　）に　ついて　います。

の答え

ダンゴムシには　14本の　あしが　あります。
こん虫では　なく　エビや　カニの　なかまです。

❹ 次の　写真は　モンシロチョウの　育ち方を　表して　います。
あてはまる　すがたの　名前を　◯に　書きましょう。また，
モンシロチョウが　たまごから　育つ　じゅんに，（　）に　数字を
書きましょう。

たまご　　◯　　　◯　　　◯

（ 1 ）　　　（　）　　　（　）　　　（　）

❺ たまご→よう虫→さなぎ→せい虫の　じゅんに　育つのは，
モンシロチョウと　バッタの　どちらですか。

（　　　　　）

💡しこうりょくトレーニング　かんがえよう・つたえよう

⭐ クモは　こん虫では　ありません。図を　見て　理由を
考えて，◯に　書きましょう。

クモ

11

3 きせつと 生き物，生き物の つながり

標準レベル ‥‥‥‥‥ トライ しよう

　春に なると サクラの 花が さいたり，アゲハの せい虫が あらわれたり します。きせつに よる 生き物の ようすの ちがいを 見て みましょう。

1 ⬚ の 中の 言葉を なぞって，きせつに よって 生き物の ようすが どのように かわるかを たしかめましょう。

サクラ	アゲハ	カマキリ

春 あたたかく なると…

たまご

よう虫

花 が さく。

せい虫が あらわれる。

たまごから よう虫 が かえる。

夏 あつく なると…

えだが のびて

葉が ふえる 。

よう虫が 育つ。
せい虫も 見られる。

よう虫が

大きく なる。

ものしり クイズ **Q3** ツバメは 冬には 見られない 鳥だよ。どうしてかな？
ア あたたかい 南の 国へ とんで いくから。
イ 寒い 北の 国へ とんで いくから。

サクラ	アゲハ	カマキリ

秋 すずしく なると…

葉が 赤色や 茶色に かわる。

よう虫が 育つ。
せい虫も 見られる。

せい虫が

たまご を うむ。

冬 寒く なると…

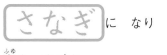

めが できて いる。

葉が 落ちる 。

よう虫が

さなぎ に なり
冬を すごす。

さなぎ

たまごで
冬を すごす。

2 植物が よく 育ち，動物が よく 動くのは，
夏と 冬の どちらですか。 （　　　　　　　　）

ノートにまとめる

● 植物は，あたたかく なると よく 育ち，寒く なると
あまり 育たなく なる。動物は，あたたかく なると 活動が
活発に なり，寒く なると 活動が にぶく なる。

13

3 きせつと 生き物，生き物の つながり

答え▶ 4 ページ

★★★ ハイ レベル マスター しよう

　身の まわりには たくさんの 植物や 動物が 生きて います。
生き物の ようすや 生き物の つながりを 見て みましょう。

❶ 次の 図は どの きせつの サクラや カマキリの
　ようすですか。（　　）に あてはまる きせつを
　「春」「夏」「秋」「冬」から えらんで 書きましょう。

サクラ カマキリ

　（　　　　　）　　　（　　　　　）

　（　　　　　）　　　（　　　　　）

❷ きせつと 生き物の ようすに ついて，（　　）に
　あてはまる 言葉を ○で かこみましょう。

　あたたかく なると，植物は （ よく 育ち ・ あまり 育たず ），
動物は （ よく 動くように なります ・ あまり 動かなく なります ）。
　寒く なると，植物は （ よく 育ち ・ あまり 育たず ），
動物は （ よく 動くように なります ・ あまり 動かなく なります ）。

ものしり？クイズ の答え

Q3 ア

ツバメは 秋に なると あたたかい 南の 国へ とんで いき 冬を すごします。春に なると また 日本へ とんで きて，たまごを うんで 子どもを 育てます。

❸ 次の 図は 生き物の つながりを 表して います。◯◯◯ の 中の 言葉を なぞって，あとの 文の （　）に あてはまる 言葉を ◯で かこみましょう。

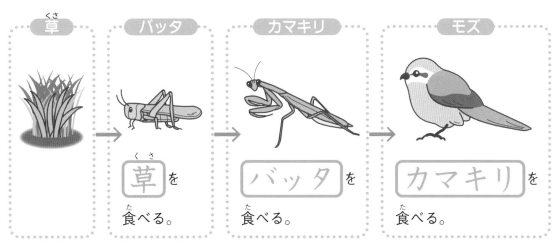

| 草 | バッタ | カマキリ | モズ |

草を 食べる。　バッタを 食べる。　カマキリを 食べる。

動物は，植物や ほかの 生き物を （　食べて　・　食べないで　） 生きて います。

生き物は 「食べる・食べられる」の かんけいで つながって いるんだ。

💡 しこうりょく トレーニング　　かんがえよう・つたえよう

★ 草むらを さがした とき，数が 多いのは バッタと カマキリの どちらだと 思いますか。多いと 思う 生き物の 名前と，そう 考えた 理由を ◯に 書きましょう。

多いと 思う 生き物	理由

4 人や 動物の 体の つくり

標準レベル ……… トライ しよう

わたしたちの 体が 動いたり, 食べ物の よう分を 取り入れたり する しくみは どうなって いるのでしょうか。体の 中の ようすを 見て みましょう。

1 ◯◯の 中の 言葉を なぞって, ほねや きん肉の つくりを たしかめましょう。

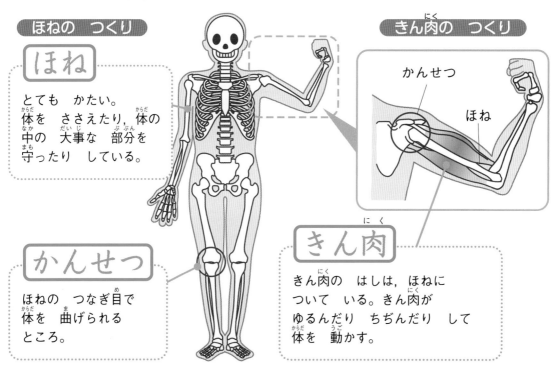

ほねの つくり

ほね

とても かたい。
体を ささえたり, 体の 中の 大事な 部分を 守ったり している。

かんせつ

ほねの つなぎ目で 体を 曲げられる ところ。

きん肉の つくり

かんせつ

ほね

きん肉

きん肉の はしは, ほねに ついて いる。きん肉が ゆるんだり ちぢんだり して 体を 動かす。

2 自分の 手や 足を さわって, 体の 中に かたい ほねが ある ことを たしかめましょう。たしかめたら （　　）に ◯を 書きましょう。

（　　）

Q4 おとなの 口から こう門までの 食べ物の 通り道の 長さは どのくらい？

3m くらい　　　9m くらい　　　15m くらい

3 ─→を なぞって，人の 体の 中の 食べ物の 通り道を たしかめましょう。また，◯◯◯の 中の 言葉を なぞりましょう。

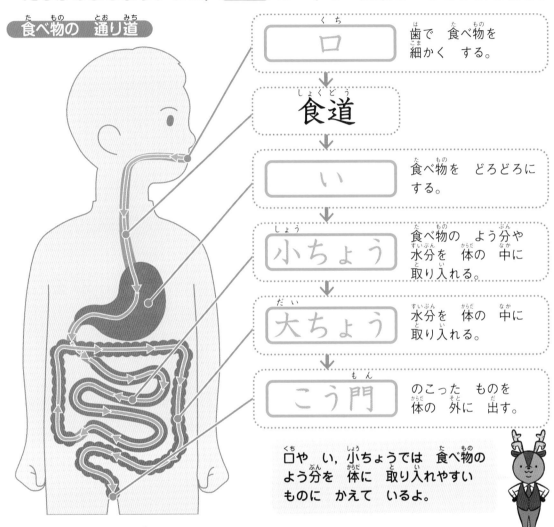

食べ物の 通り道

口
歯で 食べ物を 細かく する。

食道

い
食べ物を どろどろに する。

小ちょう
食べ物の よう分や 水分を 体の 中に 取り入れる。

大ちょう
水分を 体の 中に 取り入れる。

こう門
のこった ものを 体の 外に 出す。

口や い，小ちょうでは 食べ物の よう分を 体に 取り入れやすい ものに かえて いるよ。

ノートにまとめる

◉ 人は，ほねや かんせつや きん肉の はたらきで，体を ささえたり 動かしたり して いる。

◉ 体の 中には 食べ物の 通り道が あり，食べ物の よう分を 体に 取り入れて いる。

4 人や 動物の 体の つくり　答え▶ 5 ページ

★★★ ハイ レベル ……… マスターしよう

うでを 曲げたり のばしたり した とき, きん肉は どのように 動くのでしょうか。

❶ きん肉シールを はって, きん肉の はたらきを たしかめましょう。

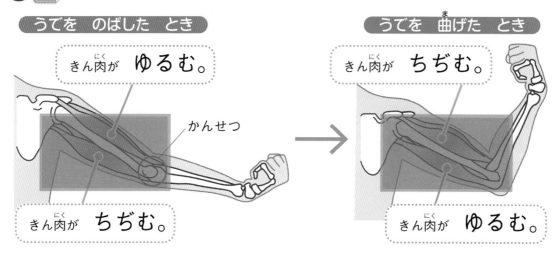

うでを のばした とき

きん肉が ゆるむ。

かんせつ

きん肉が ちぢむ。

うでを 曲げた とき

きん肉が ちぢむ。

きん肉が ゆるむ。

❷ 人の 体の 動きについて,（　　　）に あてはまる 言葉を ○で かこみましょう。

人の 体は,（ ほね ・ かんせつ ）の ところで 曲がります。また, （ ほね ・ きん肉 ）が ゆるんだり ちぢんだり する ことで 体を 動かす ことが できます。

❸ 自分の うでを さわりながら 曲げたり のばしたり して, きん肉の 動きを たしかめましょう。たしかめたら （　）に ○を 書きましょう。

（　　）

ものしり？クイズ の答え　Q4　9m くらい

おとなの　口から　こう門までの　食べ物の　通り道の　長さは，9mくらいで，教室の　長さと　同じくらいの　長さです。いちばん　長い　部分は　小ちょうで，6mから　7mくらい　あります。

❹ 体の　部分と　はたらきを ── で　むすびましょう。

口	大ちょう	い	小ちょう
		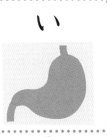	

歯で　食べ物を　細かく　する。

食べ物の　よう分や　水分を　体の　中に　取り入れる。

水分を　体の　中に　取り入れる。

食べ物を　どろどろに　する。

❺ 体の　中を　食べ物が　通る　じゅんに　なるように，（　　）に　あてはまる　体の　部分の　名前を　書きましょう。

口→食道→（　　　　　）→（　　　　　　　）→大ちょう→こう門

🔍しこうりょくトレーニング　かんがえよう・つたえよう

★ イヌの　食べ物の　通り道は　どうなって　いると　思いますか。　□ に　かきましょう。

イヌの　体の　つくりは　人と　にて　いて，人と　同じように　食べ物の　通り道が　あるよ。

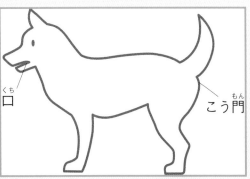

口　こう門

2章 動物の　ふしぎ

答え▶ 6 ページ

5 生き物と　空気・食べ物

標準レベル  トライ しよう

わたしたちは　空気を　すったり　はいたり　して，息を　して います。空気は　目に　見えませんが，わたしたちが　生きて いくために　なくては　ならない　ものです。

1 ◯ の　中の　言葉を　なぞって，空気に　ついて たしかめましょう。

空気は　目に　見えないけれど ふくろに　集めると　空気が ある　ことが　わかるよ。

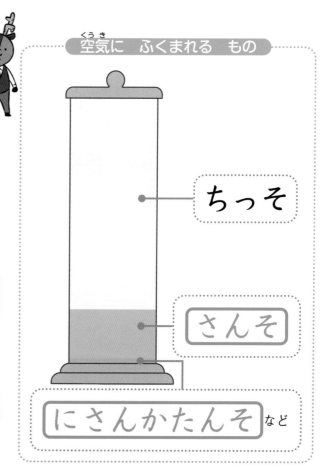

空気に　ふくまれる　もの

ちっそ

さんそ

にさんかたんそ　など

空気

空気を　すったり　はいたり　して　息を する　ことを　**こきゅう**　と　いいます。

2 さんその 動き⟹ を 赤色で, にさんかたんその
動き⇢ を 青色で ぬりましょう。また, あとの 文の
(　)に あてはまる ほうの 言葉を ○で かこんで,
こきゅうの しくみを たしかめましょう。

こきゅうの しくみ

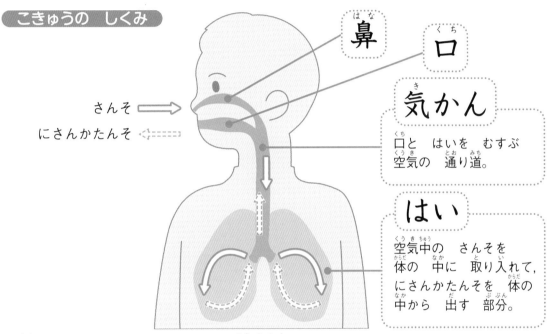

鼻

口

気かん

口と はいを むすぶ
空気の 通り道。

はい

空気中の さんそを
体の 中に 取り入れて,
にさんかたんそを 体の
中から 出す 部分。

さんそ⟹
にさんかたんそ⇠

人は こきゅうに よって, 空気中の

(　さんそ ・ にさんかたんそ　)を 取り入れて,

空気中に (　さんそ ・ にさんかたんそ　)を 出して います。

ノートにまとめる

● 空気には さんそや にさんかたんそなどが ふくまれて
いる。

● 人は こきゅうに よって 空気中の さんそを 取り入れて,
空気中に にさんかたんそを 出して いる。

5 生き物と　空気・食べ物

答え▶ 6 ページ

★★★ ハイ レベル マスターしよう

わたしたちが　こきゅうで　取り入れる　さんそが　なくならないのは
なぜでしょうか。

❶ さんその　動き⟹　を　赤色で，にさんかたんその
動き⇢　を　青色で　ぬりましょう。また，あとの　文の
（　）に　あてはまる　言葉を　○で　かこんで，植物と　空気の
かん係を　たしかめましょう。

光合せい
植物が　日光に　当たって，
にさんかたんそと　水を　使って　よう分を
つくり出す　はたらき。
この　ときに　さんそを　出す。

にさんかたんそ ⇢
さんそ ⟸

こきゅう
植物も　こきゅうを　して　いる。
こきゅうで　取り入れる　さんそは
光合せいで　出す　さんそより　少ない。

さんそ ⟶
にさんかたんそ ⇢

植物は　日光に　当たると　光合せいに　よって

（　さんそ ・ にさんかたんそ　）を　取り入れて，よう分を　つくり，

（　さんそ ・ にさんかたんそ　）を　出します。

❷ わたしたちが　こきゅうで　取り入れる　さんそを　つくり出して
いるのは，動物と　植物の　どちらですか。　　　（　　　　　）

ものしり
？クイズ
の答え　Q5　20回

1分間に，小学生は　20回くらい，おとなは
15回くらい　こきゅうします。運動すると
たくさん　エネルギーが　ひつように　なるため
こきゅうの　回数が　もっと　ふえます。

❸ 次の　図は　生き物どうしの　つながりを　表して　います。
[⬜]の　中の　⟶　を　なぞりましょう。また，あとの　文の
（　）に　あてはまる　言葉を　○で　かこみましょう。

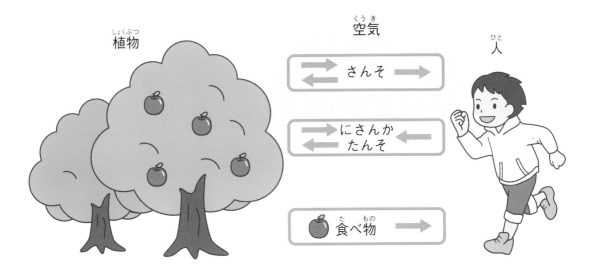

植物

空気

さんそ

にさんか
たんそ

食べ物

人

人と　植物は　食べ物や　空気を　通して，
（　つながって　います　・　つながって　いません　）。

人は，植物が　つくり出した
さんそや　よう分を
取り入れて
生きて　いるんだ。

💡 しこうりょく トレーニング　　かんがえよう・つたえよう
★　世界中の　山から　木を　切って　しまうと，どう　なると
　　思いますか。⬜ に　書きましょう。

6 太陽, 日なたと 日かげ

標準レベル ……… トライ しよう

　日なたに 立つと, 足もとから 自分の かげが のびて いることに 気づきます。かげは どのように できるのでしょうか。また, 日なたと 日かげには どのような ちがいが あるのでしょうか。

1 かげ（　　　　）を 黒色で ぬり,（　　）に あてはまる 言葉を ○で かこんで, かげと 太陽の いちを たしかめましょう。

午前8時

太陽

かげ

かげは 太陽の

（　同じがわ ・ 反対がわ　）に

できます。

> 人や ものが
> 日光を さえぎると
> かげが できる。

午前10時

時間が たつと 太陽の いちは

（　かわります ・ かわりません　）。

太陽の いちが かわると,

かげの いちは

（　かわります ・ かわりません　）。

2 （　　）に　あてはまる　言葉を　○で　かこみましょう。また，
◯◯◯の　中の　言葉を　なぞって，日なたと　日かげの　地面の
ようすを　たしかめましょう。

日なたの　ようす	日かげの　ようす
日光が　当たるので	日光が　当たらないので
（　明るい　・　暗い　）。	（　明るい　・　暗い　）。

地面は，あたたかく
かわいて　いる。

地面は，つめたく
しめって　いる。

日なたの　地面が　日かげの　地面より　あたたかいのは，

日光 で　あたためられるからです。

ノートにまとめる

● かげは　太陽の　反対がわに　できる。太陽の　いちが　かわると
かげの　いちも　かわる。

● 日なたの　地面は　明るく，あたたかく　かわいて　いる。
日かげの　地面は　暗く，つめたく　しめって　いる。

6 太陽，日なたと　日かげ

答え▶ 7 ページ

★ ★ ★ （ハイ）レベル ……… マスター しよう

太陽の　いちや，日なたや　日かげの　地面の　温度は，朝から
夕方までの　間に　どのように　かわるのでしょうか。

❶ ◯◯◯ の　中の　言葉を　なぞって，ほういじしんと　ほういに
ついて　たしかめましょう。

ほういじしん

東西南北などの　ほういを　調べる
ことが　できる。

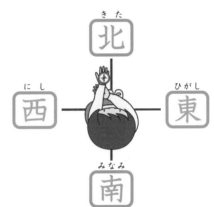

❷ 次の　図は，太陽の　1日の　動きを　表して　います。あとの
文の　（　　）に　あてはまる　ほういを　書きましょう。

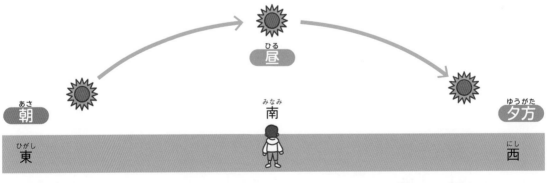

太陽は，（　　　　）から　のぼり，（　　　　）の　空を　通って，

（　　　　）に　しずみます。

およそ 6000℃

太陽の 表面の 温度は およそ 6000℃。鉄や 岩も とけて しまう 温度です。

❸ ◯ の 中の 言葉を なぞったり，（　）に あてはまる 言葉を ◯で かこんだり して，朝と 昼の 地面の 温度の ちがいを たしかめましょう。

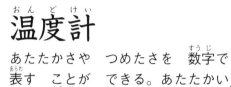

温度計

あたたかさや つめたさを 数字で 表す ことが できる。あたたかい ほど 数字が 大きく なる。

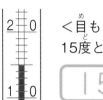

＜目もりの 読み方＞
15度と 読み，
15℃ と 書く。

日なたの 地面の 温度

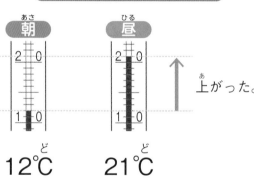

朝　　昼
12℃　21℃
上がった。

日かげの 地面の 温度

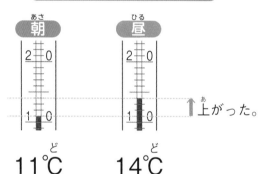

朝　　昼
11℃　14℃
上がった。

昼に なると 地面の 温度が 大きく 上がったのは
（ 日なた ・ 日かげ ） です。

💡しこうりょくトレーニング　かんがえよう・つたえよう

★ 朝より 昼の ほうが 日なたの 地面の 温度が 高いのは なぜだと 思いますか。理由を 考えて， ◻ に 書きましょう。

7 光

標準レベル　トライ しよう

かがみに 日光が 当たると 日光が はね返って きらりと 光ります。はね返った 日光は どのように 進むでしょうか。また、はね返った 日光を 重ねると どう なるでしょうか。

1 ➡️を なぞって、かがみで はね返した 日光の 進み方を たしかめましょう。また、あとの 文の （ ）に あてはまる 言葉を ○で かこみましょう。

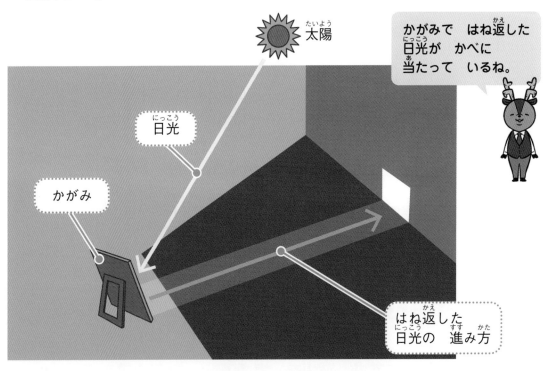

太陽

日光

かがみ

かがみで はね返した 日光が かべに 当たって いるね。

はね返した 日光の 進み方

かがみで はね返した 日光は （ まっすぐに ・ 曲がって ） 進みます。

Q7　日光を　はね返して　光って　いるのは　どれかな？
　　月　　　　ホタル　　　　かみなり

2　かがみで　はね返した　日光を　かべに　重ねると　どうなりますか。
（　　）に　あてはまる　言葉や　数字を　書いて，たしかめましょう。

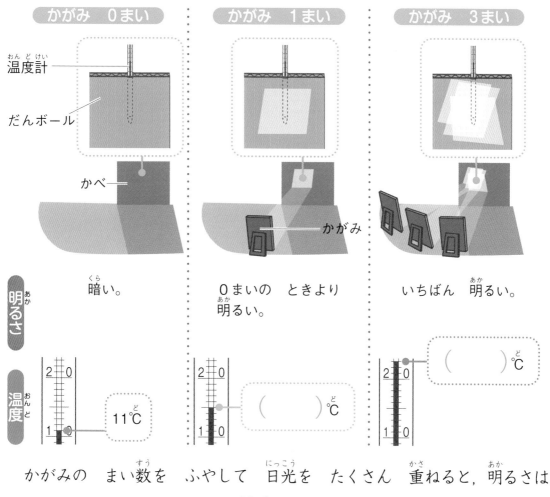

かがみ　0まい	かがみ　1まい	かがみ　3まい
温度計 だんボール かべ	かがみ	
明るさ		
暗い。	0まいの　ときより 明るい。	いちばん　明るい。
温度		
11℃	（　　）℃	（　　）℃

かがみの　まい数を　ふやして　日光を　たくさん　重ねると，明るさは
より　（　　　　　　　）なり，温度は　（　　　　　　　）なります。

ノートにまとめる

◎　日光は，かがみで　はね返す　ことが　できる。
◎　はね返した　日光は，まっすぐに　進む。
◎　はね返した　日光を　重ねると，より　明るく　あたたかく　なる。

7 光

答え▶ 8 ページ

✦✦✦ ハイ レベル …… マスターしよう

虫めがねで　日光を　集めると，集めた　ところの　明るさや
あたたかさは，どう　なるでしょうか。

❶ 次の　写真の　ように，虫めがねを　黒い　紙に　近づけたり
遠ざけたり　して，日光を　集めました。あとの　文の　（　）に
あてはまる　言葉を　○で　かこみましょう。

日光を　集めた　ところが　**大きい**

虫めがね

光を　集めた
ところ

明るく　なり
あたたかく　なる。

日光を　集めた　ところが　**小さい**

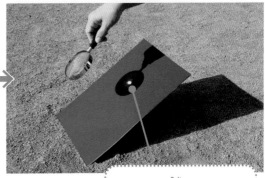

さらに　明るく　なり
あつく　なる。

※目を　いためるので，虫めがねで　太陽を
　見ては　いけません。
※とても　あつく　なるので，集めた　日光を
　人の　体や　服に　当てては　いけません。

けむりが　出るほど
あつく　なることも
あるよ！

日光を　集めると，日光を　集めた　ところが

（　明るく ・ 暗く　）　なり，（　あたたかく ・ つめたく　）　なります。

虫めがねで　日光を　集めた　ところを　（　大きく ・ 小さく　）

するほど，虫めがねで　日光を　集めた　ところが　明るく，あつく

なります。

ものしり
？クイズ
の答え

Q7 月^{つき}

月^{つき}は 岩^{いわ}で できて いて,自分^{じぶん}では 光^{ひか}って いません。
太陽^{たいよう}の 強^{つよ}い 光^{ひかり}を かがみの ように はね返^{かえ}すので
光^{ひか}って 見^みえるのです。

❷ 次^{つぎ}の 図^ずの ように 3まいの かがみで 日光^{にっこう}を はね返^{かえ}して
かべに 当^あてました。 いちばん 明^{あか}るいのは ア〜ウの どこですか。
また, ア〜ウを あたたかい じゅんに （ ）に ならべましょう。

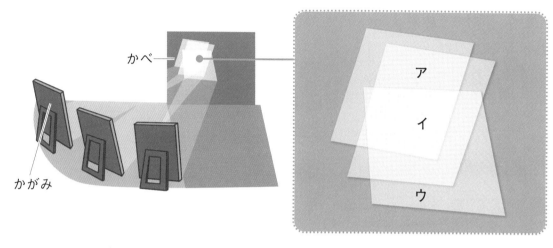

かべ

かがみ

ア

イ

ウ

●いちばん 明^{あか}るい ところ　　　　　　　　　　　　（ ）

●あたたかい じゅん　　　　　（ ）⟶（ ）⟶（ ）

🔦💡しこうりょくトレーニング　　かんがえよう・つたえよう

★ 自動車^{じどうしゃ}の ヘッドライトに かがみが 使^{つか}われて いるのは
なぜでしょうか。理由^{りゆう}を 考^{かんが}えて， □ に 書^かきましょう。

自動車^{じどうしゃ}の ヘッドライト

かがみ
ライト

4章　天気の　ふしぎ

答え▶ 9 ページ

8　雲と　天気，気温と　天気

標準レベル　トライ
しよう

今日は　どんな　天気ですか。また，空に　雲は　見えますか。
天気と　雲の　ようすや　気温の　へんかには，どのような　かん係が
あるでしょうか。

1 次の　写真は，いろいろな　雲の　ようすです。あとの　文の
〔　　　〕の　中の　言葉を　なぞり，いろいろな　雲の　とくちょうを
たしかめましょう。

らんそう雲

空の　ひくい　ところに　できる
黒っぽい　雲。長い　時間　弱い
雨を　ふらせる　ことが　多い。

せきらん雲

空の　ひくい　ところから　高い
ところまで　のびる　雲。強い
雨を　ふらせる　ことが　多い。

けん雲

けんせき雲

こんな　雲も
あるよ。

雲には　いろいろな　形や　色の　ものが　あります。

雲には　雨を　ふらせる　ものが　あります。

ものしり?クイズ

Q8 雲の 上の 天気は どう なって いる?
ア 晴れて いる。　イ くもって いる。
ウ 雨が ふって いる。

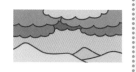

2 ( )に あてはまる 言葉を ○で かこんで, 晴れの 日や くもりの 日の 気温の へんかを たしかめましょう。

晴れの 日の 気温の へんか

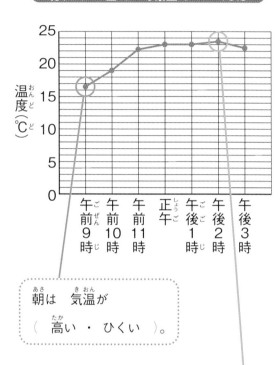

朝は 気温が
(高い ・ ひくい)。

昼すぎは 気温が
(高い ・ ひくい)。

くもりの 日の 気温の へんか

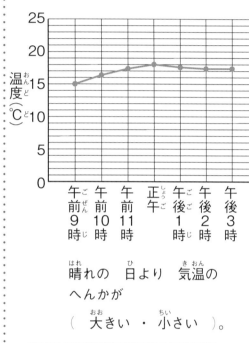

晴れの 日より 気温の
へんかが
(大きい ・ 小さい)。

晴れの 日と くもりの
日の, 気温が いちばん
ひくい ときと 高い ときの
ちがいを くらべて みよう。

ノートにまとめる

● 雲には いろいろな 形や 色の ものが ある。
● 晴れの 日の 気温は, 朝は ひくく, 昼すぎに 高く なる。
● 晴れの 日と くもりの 日では, 晴れの 日の ほうが
気温の へんかが 大きい。

33

8 雲と　天気，気温と　天気

答え▶ 9 ページ

········· ✦✦✦ ハイ レベル ········· マスター しよう

空が　どのような　ときを　晴れや　くもりと　いうのでしょうか。
天気の　晴れと　くもりの　決め方を　見て　みましょう。

❶ 次の　写真は，とくべつな　カメラで　うつした　空全体の
ようすです。天気の　晴れと　くもりの　決め方を　読んで，
（　　）に　晴れか　くもりかを　書きましょう。

> **天気の　晴れと　くもりの　決め方**
>
> 空全体を　10と　した　ときの　雲の　りょうで　決める。
> 雲の　りょうが　0～8なら　晴れ，9～10なら　くもり。

雲の　りょう 3
（　　　　　）

雲の　りょうに
注目しよう。

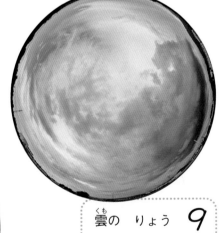

雲の　りょう 9
（　　　　　）

雲の　りょう
7
（　　　　　）

ものしり？クイズ　**Q8**　**ア**
の答え

雲の　上は　太陽が　出て　いて　晴れて　います。高い　山に　のぼったり　ひこうきに　乗ったり　すると，雲の　上の　けしきを　見る　ことが　できます。

2 次の　グラフは，晴れの　日と　くもりの　日の　どちらの　気温の　へんかを　表して　いますか。あてはまる　天気と　その　理由を　―――で　むすびましょう。

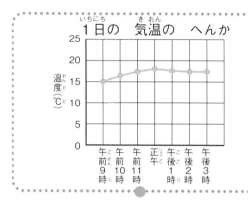

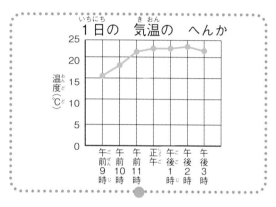

くもり

晴れ

気温の　へんかが　大きいから。

気温の　へんかが　小さいから。

💡**しこうりょく**トレーニング　かんがえよう・つたえよう

★ 夏の　はじめの　晴れた　日の　昼間，おかあさんが　半そでの　服で　出かけるか，長そでの　服で　出かけるか　なやんで　います。あなたは　どんな　理由で　どちらの　服を　すすめますか。□に　書きましょう。

9 天気の 予想，台風

標準レベル　トライしよう

天気予ほうは　いろいろな　天気の　きまりを　もとに　出されます。
天気は　どのような　きまりで　かわるのでしょうか。

1 下の　図は　ある日の　気しょうじょうほうです。
気しょうじょうほうを　見ながら，（　　）に　あてはまる　言葉を
○で　かこんで，天気の　へんかの　しかたを　たしかめましょう。

【気しょうじょうほう】

雲画ぞうや　アメダスの
雨りょうじょうほうなどの　天気の
ようすを　調べた　ものの　こと。

アメダスとは　全国で　調べた
雨や　気温などの　記ろくを
まとめる　しくみだよ。

【雲画ぞう】

白い　部分は
雲を　表して
いる。

【アメダスの　雨りょうじょうほう】

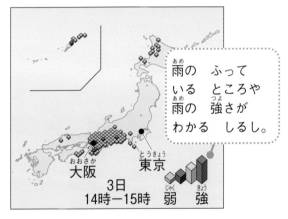

雨の　ふって
いる　ところや
雨の　強さが
わかる　しるし。

大阪は，雲が　あって　雨の　しるしが　あるので，大阪の　天気は
（　くもり ・ 雨　）だと　考えられます。

東京は　雲が　あって　雨の　しるしが　（　ある ・ ない　）ので
東京の　天気は　（　くもり ・ 雨　）だと　考えられます。

ものしり？クイズ　**Q9**　アメダスは　日本中の　およそ　何か所で　雨の　りょうを
調べて　いるかな？
およそ 13 か所　　　およそ 130 か所　　　およそ 1300 か所

2 次の　図は　春の　れんぞくした　3日間の　雲画ぞうと
天気です。あとの　文の　（　）に　あてはまる　言葉を
○で　かこみましょう。

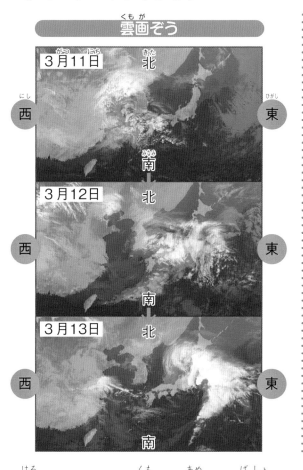

雲画ぞう

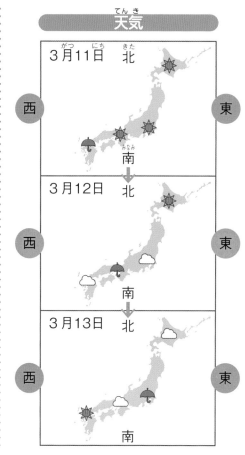

天気

春の　ころの　雲や　雨の　場所は　およそ
（　西から　東 ・ 東から　西　）へ　動きます。

雲と　いっしょに
雨の　場所も
動いて　いるね。

ノートにまとめる

● 春の　ころの　雲は，およそ　西から　東へと　動いて　いき，
天気も　およそ　西から　東へと　かわって　いく。

9 天気の　予想，台風

答え▶10ページ

★★★ ハイ レベル ……………… マスターしよう

台風が　近づくと，台風の　進み方の　予想などが　発表されます。
なぜ　台風の　進み方に　気を　つけなくては　いけないのでしょうか。

❶ 次の　図は，台風が　近づいた　ときの　雲画ぞうです。
　　◯◯◯の　中の　言葉を　なぞり，台風の　動きかたを
たしかめましょう。

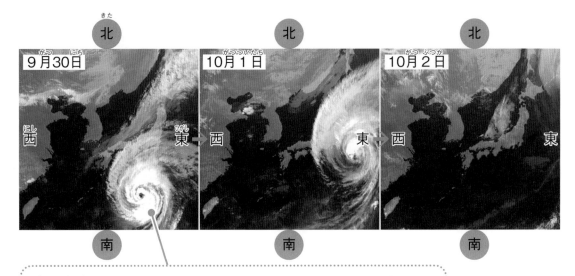

北　　　　　　　北　　　　　　　北

9月30日　　　　10月1日　　　　10月2日

西　　東　→　西　　東　→　西　　　　　東

南　　　　　　　南　　　　　　　南

台風

台風は　うずを　まいた　雲で，夏から　秋に　かけて
日本に　近づく　ことが　多い。

台風は　日本の　南の　海上で　できて，しだいに　北や

東の　ほうへ　動きます。

郵 便 は が き

141-8426

東京都品川区西五反田 2－11－8
(株) 文理

「トクとトクイになる！
小学ハイレベルワーク」
アンケート係

- - - - ✂ はがきで送られる方はここを切り取ってください。- - - - - - - - - - - - - - -

「トクとトクイになる！小学ハイレベルワーク」をお買い上げいただき、ありがとうございました。今後のよりよい本づくりのため、裏にあるアンケートにお答えください。

アンケートにご協力くださった方の中から、抽選で（年2回）、図書カード1000円分をさしあげます。（当選者の発表は賞品の発送をもってかえさせていただきます。）なお、このアンケートで得た情報は、ほかのことには使用いたしません。

《はがきで送られる方》
① 左のはがきの下のらんに、お名前など必要事項をお書きください。
② 裏にあるアンケートの回答を、右にある回答記入らんにお書きください。
③ 点線にそってはがきを切り離し、お手数ですが、左上に切手をはって、ポストに投函してください。

《インターネットで送られる方》
文理のホームページよりアンケートのページにお進みいただき、ご回答ください。

https://portal.bunri.jp/questionnaire.html

ご住所	〒		
	都道府県	市区郡	－ －
	電話	－ －	
お名前	フリガナ		
		男・女	年
		学年	年
お買上げ月	年　　月	学習塾に □通っている □通っていない	
スマートフォンを □持っている □持っていない			

*ご住所は町名・番地までお書きください。

●次のアンケートにお答えください。回答は右のらんにあてはまる口をぬってください。

[1] 今回お買い上げになった教科は何ですか。
①国語　②算数　③理科　④社会

[2] 今回お買い上げになった学年は何ですか。
①1年　②2年　③3年
④4年　⑤5年　⑥6年
⑦1・2年(理科と社会)　⑧3・4年(理科と社会)

[3] この本をお選びになったのはどなたですか。
①お子様　②保護者様　③その他

[4] この本を選ばれた決め手は何ですか。(複数可)
①内容・レベルがちょうどよいので。
②カラーで見やすく、わかりやすいので。
③「答える力」がくわしいので。
④中学受験を考えているので。
⑤自動採点CBTがついているので。
⑥知り合いにすすめられたので。
⑦付録がついているので。
⑧書店やネットなどですすめられていたので。
⑨その他

[5] どのような使い方をされていますか。(複数可)
①お子様が一人で使用
②保護者様といっしょに使用
③答え合わせだけ、保護者様といっしょに使用
④その他

[6] 内容はいかがでしたか。
①わかりやすい　②ややわかりにくい
③わかりにくい　④その他

[7] 問題の量はいかがでしたか。
①ちょうどよい　②多い　③少ない

[8] 問題のレベルはいかがでしたか。
①ちょうどよい　②難しい　③やさしい

[9] ページ数はいかがでしたか。
①ちょうどよい　②多い　③少ない

[10] 表紙デザインはいかがでしたか。
①よい　②ふつう　③よくない

[11] 別冊の「答えと考え方」はいかがでしたか。
①ちょうどよい　②もっと簡単でもよい
③もっとくわしく　④その他

[12] 付属の自動採点CBTはいかがでしたか。
①役に立つ　②役に立たない　③使用していない

[13] 役に立った付録は何ですか。(複数可)
①しあげのテスト(理科と社会の1・2年をのぞく)
②問題シール(理科と社会の1・2年)
③WEBでもっとこと解説(算数のみ)

[14] 学習記録アプリ(まなサポ)はいかがですか。
①役に立つ　②役に立たない　③使用していない

[15] 文理の問題集で、使用したことのあるものがあれば教えてください。(複数可)
①小学教科書ワーク
②小学教科書ドリル
③小学教科書ガイド
④できる!!がふえるドリル
⑤トップクラス問題集
⑥全科まとめて
⑦ハイレベル算数ドリル
⑧その他

[16] 「トクトクハイになる! 小学ハイレベルワーク」シリーズに追加発行してほしい学年・分野・教科などがありましたら、教えてください。

[17] この本について、ご感想やご意見・ご要望がありましたら、教えてください。

[18] この本の他に、お使いになっている参考書や問題集がございましたら、教えてください。また、どんな点がよかったかも教えてください。

アンケートの回答：記入らん

[1]　□① □② □③ □④
[2]　□① □② □③ □④ □⑤ □⑥ □⑦
[3]　□① □② □③ □④ □⑤ □⑥ □⑦
[4]　□① □② □③ □④ □⑤ □⑥ □⑦ □⑧ □⑨( )
[5]　□① □② □③ □④
[6]　□① □② □③ □④
[7]　□① □② □③
[8]　□① □② □③
[9]　□① □② □③
[10] □① □② □③
[11] □① □② □③ □④
[12] □① □② □③
[13] □① □② □③
[14] □① □② □③
[15] □① □② □③ □④ □⑤ □⑥ □⑦
　　 □⑧( )

[16]
（記入欄）

[17]
（記入欄）

[18]
（記入欄）

ご協力ありがとうございました。トクトク小学ハイレベルワーク

アメダスは，日本中の　およそ1300か所で　雨の
りょうを，このうちの　840か所で　気温，風の　向きや
強さなどを　自動で　調べて　います。雪の　深さを
調べて　いる　場所も　あります。

❷ 次の　図は，台風が　近づいた　ときの　ようすです。◯◯の
中の　言葉を　なぞって，台風が　近づくと　どのような　ことが
起こるかを　たしかめましょう。

強い　風　が　ふく。　　　　　はげしい　雨　が　ふる。

❸ 次の　写真は，台風が　すぎた　あとの　ようすです。次の　文の
（　）に　あてはまる　言葉を　◯で　かこみましょう。

水が　あふれた　川　　たおれた　木

台風の　大雨や　強風に　よって
さいがいが　起こる　ことが
（　あります　・　ありません　）。

💡 しこうりょく トレーニング　　かんがえよう・つたえよう

★　台風の　さいがいから　身を　守るために，台風が　近づいて
いる　ときは　どう　すれば　よいでしょう。◯◯に
書きましょう。

39

10 月

標準レベル　トライしよう

空を 見上げると 月が 光って 見える ことが あります。月は どうして 見える 形が かわるのでしょうか。また, 月は どうして 光って 見えるのでしょうか。

1 次の 図は, ある場所で 月を かんさつした 記ろくです。
　　◯◯◯ の 中の 言葉と ◯◯◯ を なぞって, 月の 形と いちを たしかめましょう。また, あとの 文の (　　)に あてはまる 言葉を ◯で かこみましょう。

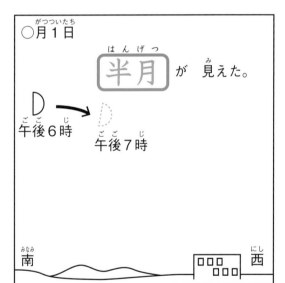

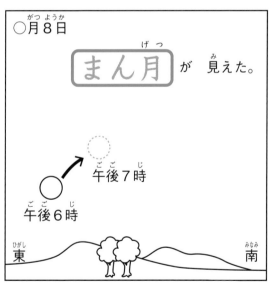

午後6時と 午後7時の 月の いちは,

(かわって います ・ かわって いません)。

月の 形は 日に よって (ちがいます ・ 同じです)。

2 次の 写真は, まん月と 三日月の ようすです。あとの 文の
（　　）に あてはまる 言葉を ○で かこんで, 月の 光り方を
たしかめましょう。

まん月

見える 部分 全体に 太陽の
光が 当たって 光って いる。

三日月

太陽の 光が
当たって 光って いる
部分の 一部が 見えて
いる。

太陽の 光の 当たり方が ちがうから
ちがう 形に 見えるんだね。

月は ボールのような （ 四角い 形 ・ 丸い 形 ）を して います。

月は （ 夜空の 星 ・ 太陽 ）の 光が 当たる ことで 光って います。

ノートにまとめる

● 時間が たつと 月の いちは かわる。

● 日に よって 月の 形は かわる。

● 月は 太陽の 光が 当たって いる ところが 光って
見える。

★★★ ⟨ハイ⟩レベル ·········· マスター
しよう

月は 日に よって 見える 場所や 形が かわります。月の
見え方の へんかには どんな きまりが あるのでしょうか。

❶ ◯◯ の 中の 言葉や ⟶ を なぞり,（　　）に
あてはまる 言葉を 書いて, 月の 動きを たしかめましょう。

半月の 動きかた

まん月の 動きかた

月は どんな 形の ときも （　　　　）から のぼり,（　　　　）の
空を 通って,（　　　　）に しずみます。

月が のぼり 始める 時こくは 月の 形に よって

（　　　　　　　　）。

2 月シール 月シールを　はり，あとの　文の　（　）に　あてはまる
言葉を　書いて，月の　形の　かわり方を　たしかめましょう。

月の　形の　かわり方

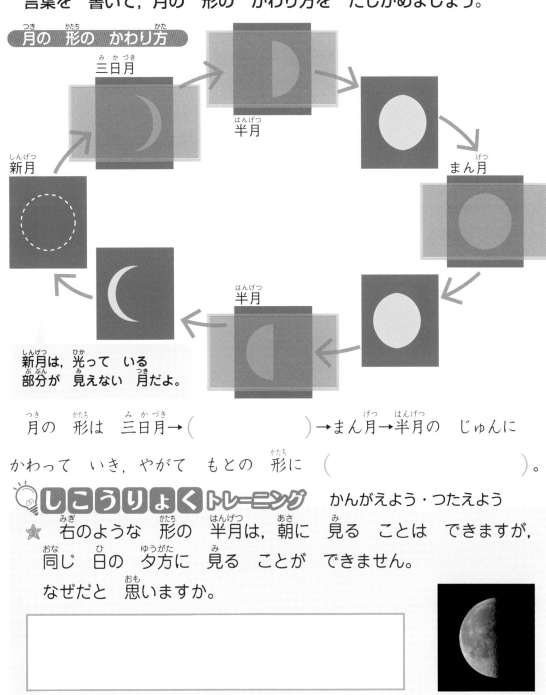

三日月

半月

まん月

新月

半月

新月は，光って　いる
部分が　見えない　月だよ。

月の　形は　三日月→（　　　　　　　　　）→まん月→半月の　じゅんに

かわって　いき，やがて　もとの　形に　（　　　　　　　　　　　　）。

しこうりょくトレーニング　　かんがえよう・つたえよう

★　右のような　形の　半月は，朝に　見る　ことは　できますが，
同じ　日の　夕方に　見る　ことが　できません。
なぜだと　思いますか。

43

答え▶12ページ

11 星

標準レベル  トライ しよう

夜に 空を 見上げると 星が 光って います。星は どれも 同じように 光って いるのでしょうか。星の 明るさや 色, 見える いちを かんさつして みましょう。

1 さそりざを かんさつしました。◯ の 中の 言葉を なぞり, あとの 文の （　）に あてはまる 言葉を ○で かこみましょう。

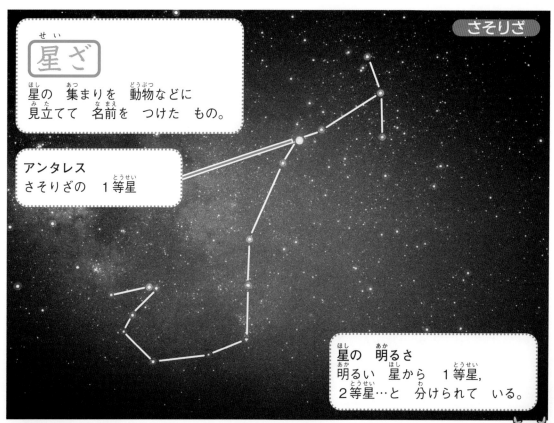

さそりざ

星ざ
星の 集まりを 動物などに 見立てて 名前を つけた もの。

アンタレス
さそりざの 1等星

星の 明るさ
明るい 星から 1等星, 2等星…と 分けられて いる。

星には いろいろな 色や 明るさの ものが

（ あります ・ ありません ）。

1等星には 名前が ついて いるよ。

44

2 星シール 次の 図は ある 夏の 日に はくちょうざと カシオペヤざを かんさつした きろくです。星シールを はって 星の ならび方を たしかめましょう。また，あとの 文の （　）に あてはまる 言葉を ○で かこみましょう。

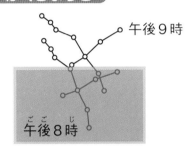
午後9時
午後8時
東

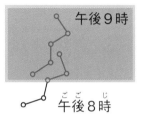
午後9時
午後8時
北

時間が たっても 星ざの 形は かわって いないね。

午後8時と 午後9時では

星の 見える いちは （ かわります ・ かわりません ）が，

星の ならび方は （ かわります ・ かわりません ）。

ノートにまとめる

● 星には いろいろな 色や 明るさの ものが ある。

● 時間が たつと 星の 見える いちは かわるが，星の ならび方は かわらない。

11 星

答え▶12ページ

★★★ ハイ レベル　マスターしよう

冬と　夏では　見る　ことの　できる　星ざが　ちがいます。
それぞれの　きせつには　どんな　星ざが　見られるのでしょうか。

❶ 次の　写真は，冬の　南の　空の　ようすです。――――　と
　　□　の　中の　言葉を　なぞり，冬の　大三角を　たしかめましょう。

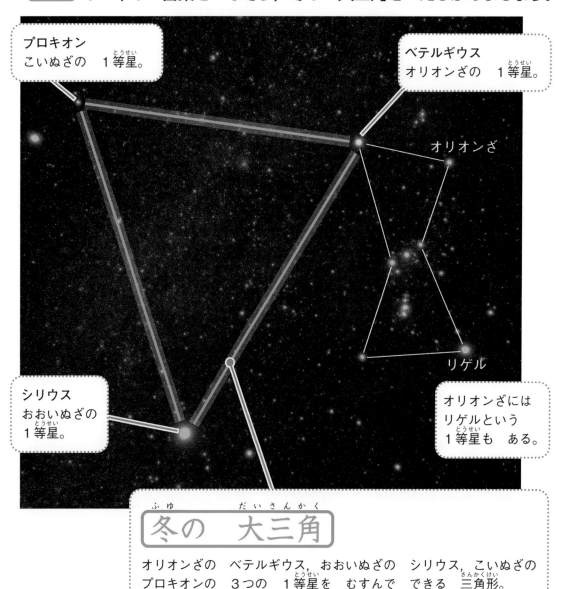

プロキオン
こいぬざの　1等星。

ベテルギウス
オリオンざの　1等星。

オリオンざ

リゲル

シリウス
おおいぬざの
1等星。

オリオンざには
リゲルという
1等星も　ある。

冬の　大三角

オリオンざの　ベテルギウス，おおいぬざの　シリウス，こいぬざの
プロキオンの　3つの　1等星を　むすんで　できる　三角形。

Q11 ア

星の 色は 星の 表面の 温度に よって かわります。
青白い 色を して いるのは 温度が 高い 星で,
赤い 色を して いるのは 温度が ひくい 星です。

② 次の 写真は, 夏の 南の 空の ようすです。 ——— と
⬭ の 中の 言葉を なぞり, 夏の 大三角を たしかめましょう。

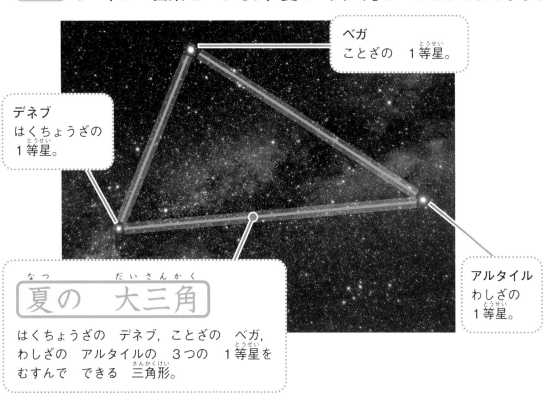

ベガ
ことざの 1等星。

デネブ
はくちょうざの
1等星。

アルタイル
わしざの
1等星。

夏の 大三角

はくちょうざの デネブ, ことざの ベガ,
わしざの アルタイルの 3つの 1等星を
むすんで できる 三角形。

しこうりょくトレーニング かんがえよう・つたえよう

★ 右の 図は オリオンざの 星の
ならびです。あなただったら 何に 見立てて
何と いう 名前の 星ざに しますか。

自由に 線を
かいて 星ざを
考えよう!

星ざの 名前

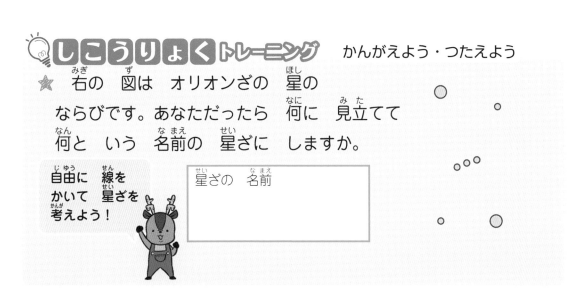

12 流れる 水の はたらき

答え▶13ページ

雨が ふると 校庭や 道などに 水の 流れが できます。水は どのように 流れて いくのでしょうか。また, 山や 平地を 流れる 川の ようすに ちがいは あるのでしょうか。

1 次の 図は, 雨の 日の 校庭の ようすです。（ ）に あてはまる 言葉を ○で かこみましょう。

水は （ 高い ・ ひくい ）ところから （ 高い ・ ひくい ）ところへ 流れる。

水が 流れた ところは 土が （ つもって ・ けずられて ）みぞに なって いる。

水の 流れ

ものしり
？クイズ Q12 川岸に サクラの 木が 多いのは なぜ？
ア 川岸を 守るため。　　イ 鳥を よぶため。
ウ 日かげを つくるため。

2 （　　）に あてはまる 言葉を ○で かこんで，山や
平地を 流れる 川の ようすを たしかめましょう。

山を 流れる 川

川は 山から
海へ 流れる。

石の ようす

平地を 流れる 川

山を 流れる 川は，川はばが （ 広く ・ せまく ），角ばって
いて （ 大きい ・ 小さい ） 石が 多く あります。
　平地を 流れる 川は，川はばが （ 広く ・ せまく ），丸くて
（ 大きい ・ 小さい ） 石が 多く あります。

ノートにまとめる

- 水は 高い ところから ひくい ところへ 流れる。
- 水には 土を けずる はたらきが ある。
- 山を 流れる 川は 川はばが せまく，角ばった 石が 多い。
- 平地を 流れる 川は 川はばが 広く，丸い 石が 多い。

49

12 流れる 水の はたらき

答え▶13ページ

★★★ ハイ レベル ……… マスターしよう

川の 流れは 場所や 日に よって かわります。川の 流れが かわると どのような ことが 起こるでしょうか。

❶ 川に 石や すなを しずめて, 水の はたらきを 調べました。
（　）に あてはまる 言葉を ○で かこみましょう。

※川へ 行く ときは かならず おとなと いっしょに 行きましょう。
※川に 入る ときは かならず ライフジャケットを つけましょう。また, ひざより 深い ところに 入っては いけません。

板に 石や すなを のせて しずめる。

水の 流れが おそい ところ

水に しずめる 前

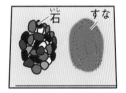

水に しずめた 後

石　すな

すなが 少し
（ 流された ・ 流されなかった ）。

水の 流れが 速い ところ

水に しずめる 前

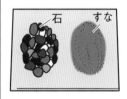

水に しずめた 後

石　すな

石も すなも
（ 流された ・ 流されなかった ）。

水には, ものを 動かす 力が （ あります ・ ありません ）。

水の 流れが 速いと, 水が ものを 動かす

力は （ 大きく ・ 小さく ） なります。

石や すなは
水の はたらきで
流されたよ。

ものしり
クイズ
の答え Q12 ア

木の 根が 土の 中で はりめぐらされ,川岸は くずれにくく なります。また,お花見に 来た 人が 川岸を 歩くと,地面が ふみかためられて 川岸が じょうぶに なる ということから, えどじだいに うえられたと いわれて います。

2 次の 図は 大雨の 前と 大雨の ときの 川の ようすです。 雨が ふると 川の 水の りょうや 水の 流れの 速さは どうなるでしょうか。

大雨の 前

大雨の とき

水が 多い。

流れが 速い。

●雨が ふると 川の 水の りょうは どうなりますか。

(　　　　　　　　　　　　　　　　)

●雨が ふると 川の 水の 流れの 速さは どうなりますか。

(　　　　　　　　　　　　　　　　)

💡 しこうりょく トレーニング　　かんがえよう・つたえよう

★ 川へ 遊びに 行く ときは 天気予ほうに 注意する ことが 大切です。それは なぜでしょうか。理由を 考えて 書きましょう。

┌─────────────────────────────┐
│   │
│   │
│   │
│   │
└─────────────────────────────┘

13 地そう

がけを　見ると，ふだんは　見られない　地面の　下の　ようすが
わかる　ことが　あります。大地の　つくりを　見て　みましょう。

1 ⬭の　言葉を　なぞって，（　　）に　あてはまる　言葉を
○で　かこみましょう。

地そう

がけなどに　見られる
しまもようの　こと。
横や　おくに　広がって
（　いる　・　いない　）。

2 化石シール　次の　文の　⬭の　言葉を　なぞって，▭に
化石シールを　はりましょう。

地そうの　中から　大昔の　生き物の　体や　すんで　いた　あとなどが

見つかる　ことが　あります。これを　化石　と　いいます。

日本で　見つかった　化石

貝の　化石

アンモナイトの　化石

きょうりゅうの　化石

3　◯◯◯の 言葉を なぞりましょう。また，あとの 文の
（　）に あてはまる 言葉を ◯で かこんで，地そうを つくる
つぶに ついて たしかめましょう。

つぶの ようす

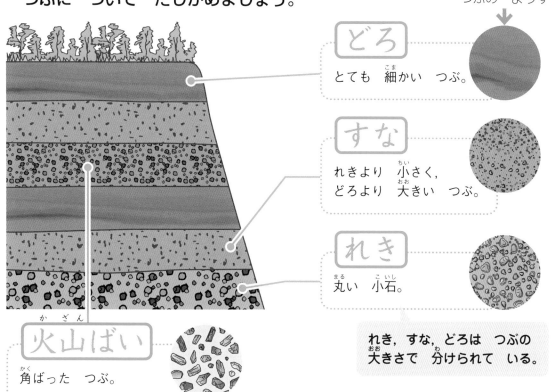

どろ
とても 細かい つぶ。

すな
れきより 小さく，
どろより 大きい つぶ。

れき
丸い 小石。

火山ばい
角ばった つぶ。

れき，すな，どろは つぶの
大きさで 分けられて いる。

　地そうが しまもように 見えるのは，地そうを つくる つぶの
大きさや 色や 形が （ 同じだから ・ ちがうから ）です。

ノートにまとめる

● がけなどに 見られる しまもようを 地そうと いう。
● 地そうには 化石が ふくまれて いる ことが ある。
● 地そうを つくる つぶには れき，すな，どろや
　火山ばいなどが ある。

13 地そう

答え ▶ 14ページ

★★★ **ハイ**レベル マスターしよう

地そうは　長い　年月を　かけて　つくられます。地そうは
どのように　して　できるのでしょうか。

❶ （　　　）に　あてはまる　言葉を　○で　かこみましょう。また，
　　　　　の　言葉を　なぞって，地そうの　でき方を　たしかめましょう。

流れる　水の　はたらきで　できる　地そう

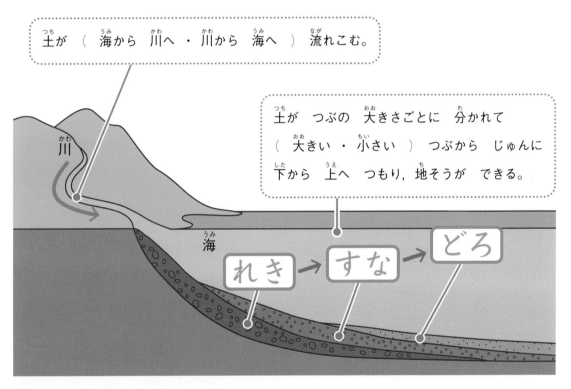

土が　（　海から　川へ　・　川から　海へ　）　流れこむ。

土が　つぶの　大きさごとに　分かれて
（　大きい　・　小さい　）　つぶから　じゅんに
下から　上へ　つもり，地そうが　できる。

川

海

れき → すな → どろ

火山の　はたらきで　できる　地そう

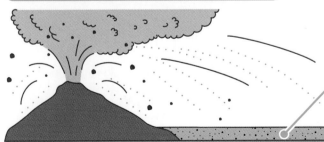

火山の　ふん火で　出た
火山ばい　などが
広がって　ふりつもる。

ものしり？クイズ の答え　Q13　イ

化石は　海や　湖などの　そこで　できます。動物などの
死がいが，流されて　きた　どろや　すななどに
うもれて　長い　年月を　かけて　化石に　なります。

❷　がけの　左がわに　次の　図の　ような　地そうが　見られました。
がけの　右がわには　どんな　地そうが　見られますか。右がわの
㋐〜㋓の　地そうのうち，すなの　そうを　黄色で　どろの　そうを
茶色で　ぬりましょう。また，あとの　文の　（　　　）に　あてはまる
記号を　書きましょう。

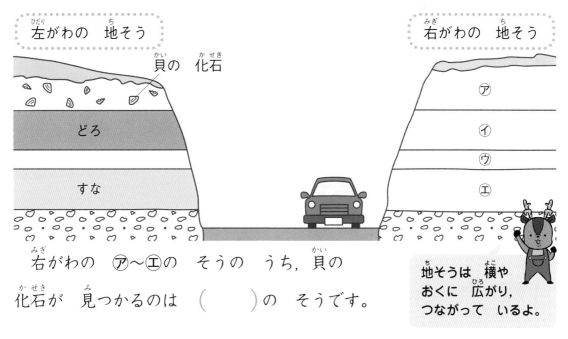

左がわの　地そう

貝の　化石

どろ

すな

右がわの　地そう

㋐

㋑

㋒

㋓

右がわの　㋐〜㋓の　そうの　うち，貝の
化石が　見つかるのは　（　　　）の　そうです。

地そうは　横や
おくに　広がり，
つながって　いるよ。

💡 しこうりょく トレーニング　　かんがえよう・つたえよう

★　がけに　右の　ような　地そうが　見られました。
古いのは　れきの　そうと　火山ばいの　そうの
どちらだと　思いますか。理由も　書きましょう。

れき

火山ばい

古い　そう	理由

14 地しん, 火山

  トライ しよう

わたしたちが くらす 日本は, 地しんが 多い 土地です。また, 火山も 多く あります。地しんや 火山の ふん火に よって 大地の ようすは どのように かわるでしょうか。

1 ◯の 中の 言葉を なぞりましょう。

地下で 大きな 力が はたらいて 大地が ずれると 地しん が 起こります。

だんそう

大地の ずれの こと。

2 次の 図は 地しんに よる 大地の へんかの ようすです。 図と あてはまる せつ明を ── で むすびましょう。

海の そこが 持ち上げられて りくに なった。

地しんの ゆれで 山が くずれた。

3 火山の ふん火に ついて，◯◯◯ の 中の 言葉を
なぞりましょう。

マグマ

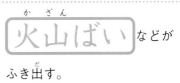
火山ばい などが

ふき出す。

よう岩 が 流れ出す。

マグマが 地上に 流れ出た
ものを よう岩と いうよ。

4 次の 図は 火山の ふん火に よる 大地の へんかの
ようすです。図と あてはまる せつ明を ━━━ で むすびましょう。

●

おし出された
よう岩で 山が
できた。

●

くぼ地が できて
水が たまり，湖に
なった。

ノートにまとめる

● 地しんや 火山の ふん火に よって，大地の ようすは
かわる。

14 地しん，火山

答え ▶ 15ページ

★★★ ハイ レベル　マスターしよう

　地しんや　火山の　ふん火は，さいがいを　もたらす　ことが
あります。さいがいから　身を　守るために　わたしたちは　どのような
行動を　とれば　よいでしょうか。

① 次の　図は　地しんや　火山の　ふん火に　よる　さいがいの
れいです。地しんなどの　さいがいに　そなえて，あなたの　家や
学校では　どんな　ことを　行って　いますか。行って　いる　ことの
（　）に　○を　書きましょう。

地しんに　よる　さいがい

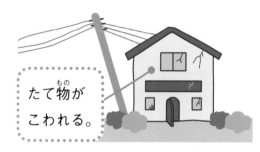

たて物が
こわれる。

つ波が
おしよせる。

火山の　ふん火に　よる　さいがい

火山ばいが
ふりつもる。

さいがいは　いつ
起きるか　わからないから
そなえが　大切だね。

（　　）　通学路の　きけんな　場所を　調べる。

（　　）　ひなんくん練を　行う。

（　　）　さいがいが　起きた　ときの　家族の　集合場所を
　　　　決めて　おく。

ものしりクイズの答え　Q14　イ

世界に　ある　ふん火したり　ふん火する　かもしれない　火山は　およそ1500。そのうち　およそ110が　日本に　あります。日本は　火山が　とても　多い　国です。

❷ 次の　ア〜ウを　「火山の　ねつを　利用した　もの」と　「火山が　つくり出した　土地を　利用した　もの」に　わけましょう。

ア
火山ばいの　土地で　育てられる　やさい。

イ
火山の　ねつで　あたためられた　温せん。

ウ
火山の　ねつを　利用した　地ねつ発電所。

大地の　活動は　さいがいだけで　なく　利用する　ことも　あるよ。

●火山の　ねつを　利用した　もの　　　　　　　　（　　　　　　　）

●火山が　つくり出した　土地を　利用した　もの　（　　　　　　　）

💡しこうりょくトレーニング　　かんがえよう・つたえよう

☆ 地ねつ発電所は　どのような　ところに　たてられやすいと　思いますか。あなたの　考えを　書きましょう。

地ねつ発電は　地下の　ねつを　利用している　から…。

15 氷と 水，水じょう気

標準レベル ‥‥‥‥‥‥ トライ しよう

水を あたためると ぶくぶくと あわが 出ます。水を
れいとう庫で こおらせると 氷に なります。水を あたためたり
ひやしたり した ときの 温度の かわりかたを 見て みましょう。

1 次の 図は，水を 火で あたためた ときの ようすです。
　　の 中の 言葉を なぞり，あとの 文の （　　）に
あてはまる 言葉や 数字を 書きましょう。

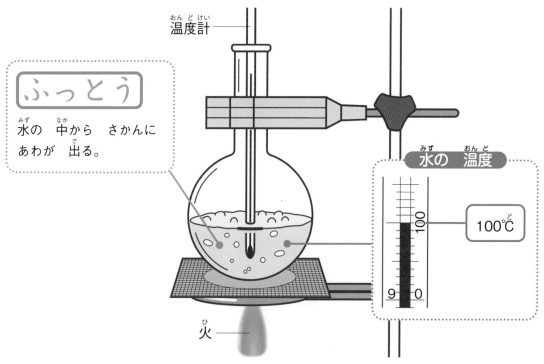

ふっとう
水の 中から さかんに
あわが 出る。

温度計

水の 温度

100℃

水を あたため つづけると，さかんに あわが 出て

（　　　　　　　）します。ふっとうして いる ときの 水の 温度は

およそ（　　　　　　　）℃です。

火

2 （　）に　あてはまる　言葉を　○で　かこんで，水を
ひやした　ときの　ようすを　たしかめましょう。

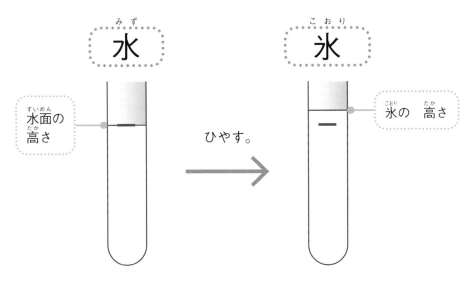

水を　ひやすと　（　氷　・　お湯　）に　なります。

水が　氷に　なると　かさが　（　大きく　・　小さく　）　なります。

3 ◯　の　中の　数字を　なぞって，水が　こおる　ときの
温度を　たしかめましょう。

水の　温度を
はかりながら
ひやして
こおらせたよ。

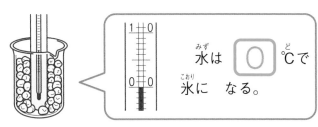

水は　◯℃で　氷に　なる。

ノートにまとめる

- 水を　あたためると　およそ100℃で　ふっとうする。
- 水を　ひやすと　0℃で　こおる。

61

15 氷と　水，水じょう気

答え▶16ページ

★★★ ハイ レベル ……… マスターしよう

　水が　ふっとうする　ときの　あわの　正体は　なんでしょうか。水の
すがたの　へんかを　くわしく　見て　みましょう。

❶（　）に　あてはまる　言葉を　○で　かこんで，水を
　ふっとうさせた　ときの　へんかを　たしかめましょう。

ふっとうさせ　つづけた　水の　ようす

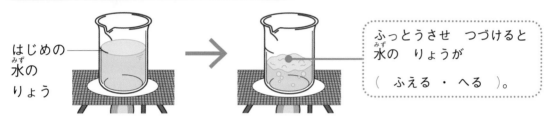

はじめの
水の
りょう

ふっとうさせ　つづけると
水の　りょうが

（　ふえる　・　へる　）。

❷ ◯◯ の　中の　言葉を　なぞりましょう。また，（　）に
　あてはまる　言葉を　書いて，あたためた　水が　へった　理由を
　たしかめましょう。

水じょう気

水が　目に　見えない
すがたに　かわった　もの。

ふっとうして　いる
水から　出る　あわも
水じょう気だよ。

水が　へったのは，水が　目に
見えない（　　　　　）に
すがたを　かえて　空気中に
出て　いったからです。

ものしり
？クイズ **Q15** の答え　 −18℃
くらい

れいとう庫の　温度は　水が　こおる　0℃より　ずっと
ひくい　−18℃くらいです。だから　アイスを
こおらせたままに　する　ことが　できます。

❸ ☐の　中の　数字を　なぞり，（　　）に　あてはまる　言葉を
書いて，氷を　あたためた　ときの　へんかを　たしかめましょう。

氷を　あたためた　ときの　すがたの　へんか

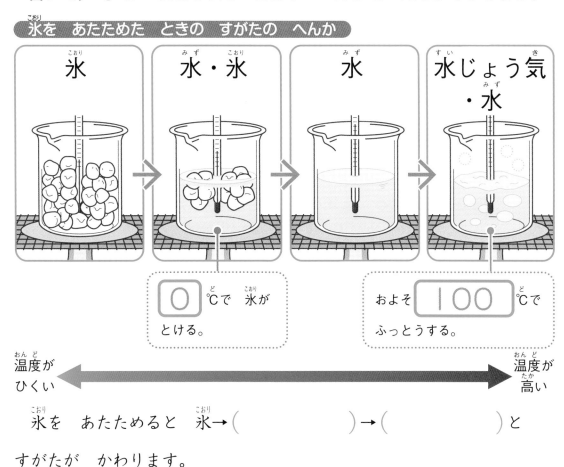

| 氷 | 水・氷 | 水 | 水じょう気・水 |

☐0 ℃で　氷が
とける。

およそ ☐100 ℃で
ふっとうする。

温度が
ひくい　◀━━━━━━━━━━━━━━▶　温度が
　　　　　　　　　　　　　　　　高い

氷を　あたためると　氷→（　　　　　　　）→（　　　　　　　）と

すがたが　かわります。

💡 **しこうりょく トレーニング**　かんがえよう・つたえよう

⭐ れいぞう庫の　温度は　およそ5℃です。れいぞう庫に　氷を
入れて　おくと　どう　なると　思いますか。理由も　書きましょう。

（　とける
　　・
　とけない　）

理由

16 身の まわりの 水の へんか

標準レベル　　　　トライ しよう

　水の すがたの へんかは, わたしたちの 身の まわりでも たくさん 起こって います。どのような へんかが 起こって いるか, 見て みましょう。

1 コップの 水を しばらく おいて おくと, 次の 図の ように なりました。◯ の 中の 言葉を なぞりましょう。また, ( )に あてはまる 言葉を ◯で かこみましょう。

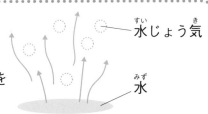

じょう発

水が 目に 見えない 水じょう気に すがたを かえて 空気中に 出て いく こと。

水じょう気

水

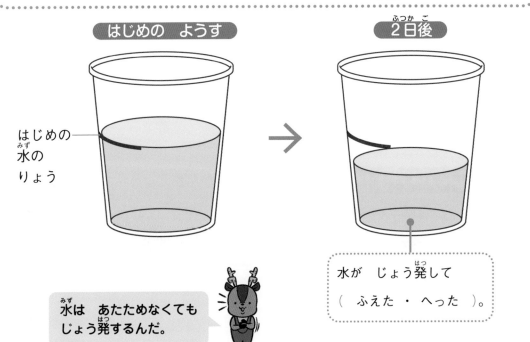

はじめの ようす　　　　2日後

はじめの 水の りょう

水が じょう発して (ふえた ・ へった)。

水は あたためなくても じょう発するんだ。

2 次の　図は，水を　ふっとうさせた　ようすです。1から　3の
じゅんに　⬭の　中の　言葉と　➡を　なぞって，水の
すがたの　へんかを　たしかめましょう。また，あとの　文の
（　）に　あてはまる　言葉を　○で　かこみましょう。

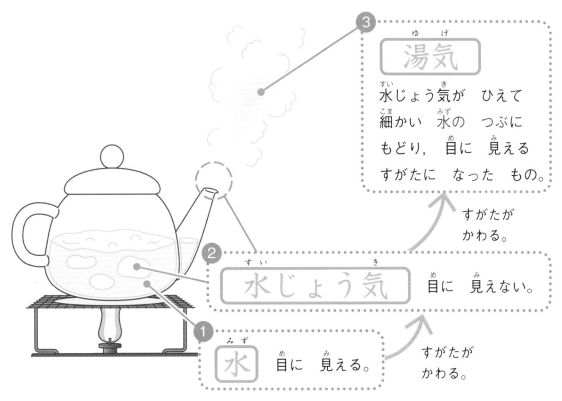

3 湯気
水じょう気が　ひえて
細かい　水の　つぶに
もどり，目に　見える
すがたに　なった　もの。

すがたが
かわる。

2 水じょう気　　目に　見えない。

すがたが
かわる。

1 水　　目に　見える。

水から　すがたを　かえた　水じょう気は，ひやされると　ふたたび
水に　（　もどります　・　もどりません　）。

ノートにまとめる

◉　水を　おいて　おくと　しぜんに　じょう発する。
◉　水は　水じょう気に　すがたを　かえた　あと，ふたたび　水に
もどる　ことが　ある。

16 身の まわりの 水の へんか

答え▶17ページ

★★★ **ハイ** レベル マスター しよう

水は すがたの へんかを くり返して います。水の すがたの
いろいろな へんかに ついて まとめましょう。

1 次の 図は, 水の すがたの へんかを まとめた ものです。
あたためる 矢印(⟹)を 赤色に, ひやす 矢印(⟸)を
青色に ぬりましょう。また, あとの 文の (　)に あてはまる
言葉を ○で かこみましょう。

こおり　　　　　　　　　　　　　みず　　　　　　　　　　　　　すいじょう気
氷　　　　　　　　　　　　　水　　　　　　　　　　　　水じょう気

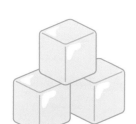
　　　　　　あたためる　　　　　　　　　　　　あたためる

　　　　　　ひやす　　　　　　　　　　　　　ひやす

水は あたためたり ひやしたり すると, 何度でも すがたが

(　かわります ・ かわりません　)。

2 次の 文の 水の すがたの へんかに ついて,「氷」「水」「水じょう気」
から あてはまる 言葉を えらんで, (　)に 書きましょう。

●氷を あたためると 何に なりますか。　　　(　　　　　　　)

●水を あたためると 何に なりますか。　　　(　　　　　　　)

●水じょう気を ひやすと 何に なりますか。　(　　　　　　　)

●目に 見えるのは 何と 何ですか。

　　　　　　　　　　　　　　　　(　　　　　　　)(　　　　　　　)

じょう気きかん車は, 水を あたためて 水じょう気に かえて, 水じょう気の 力で 車りんを 動かして 走ります。

③ 次の 図は, 水の すがたの へんかを 表して います。
図と あてはまる せつ明を ── で むすびましょう。

水たまりが かわいて なくなる。

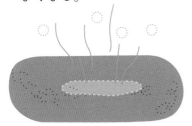

● ● 水が 氷に なる。

池の 水が こおる。

● ● 水が 水じょう気に なる。

💡 **しこうりょく** トレーニング かんがえよう・つたえよう

★ 水を 入れて ふたを した つめたい ペットボトルを へやに おいて おいたら 外がわに 水てきが つきました。 この 水は どこから きたと 思いますか。

17 電気の 通り道

★ ★ ★ 標準レベル ‥‥‥‥‥ トライ しよう

かい中電とうに かん電池を 入れると 明かりが つきます。
電気が 通って 明かりが つくのは, どのような ときでしょうか。
また, 電気を 通す ものには どのような ものが あるでしょうか。

1 ⬭ の 中の 言葉と どう線(───)を なぞって, 電気の
通り道を たしかめましょう。また, あとの 文の (　) に
あてはまる 言葉や 記号を ○で かこみましょう。

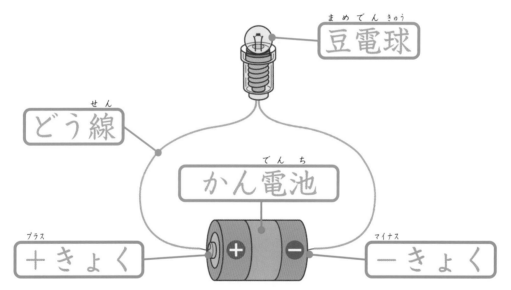

回路 … わの ように つながった 電気の 通り道の こと。

かん電池の ＋きょくと 豆電球, かん電池の

(　＋　・　－　) きょくを どう線で つなぐと, (　道路　・　回路　) が

できて 電気が 通り, 豆電球に 明かりが つきます。

ものしり？クイズ　Q17　人の　体も　電気を　通すよ。人の　体が　電気を　通す　せいしつを　利用しているのは　どれかな？
体温計　　　スマートフォン　　　テレビ

2 どう線に　いろいろな　ものを　つないで　豆電球の　明かりが　つくか　どうかを　調べました。明かりが　つく　ものの　▢に　○を　かきましょう。また,（　）に　あてはまる　言葉を　○で　かこんで,　電気を　通す　ものと　通さない　ものを　たしかめましょう。

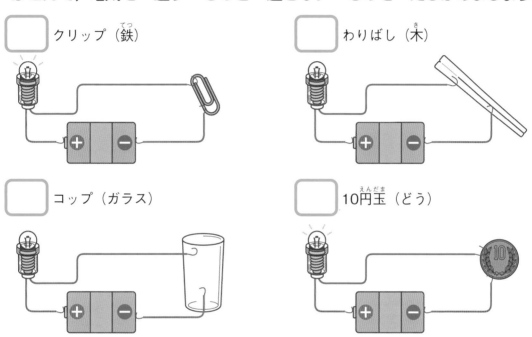

▢ クリップ（鉄）

▢ わりばし（木）

▢ コップ（ガラス）

▢ 10円玉（どう）

電気を　通すものに　どう線を　つなぐと　回路が　できて　豆電球の　明かりが（　つきます　・　つきません　）。

鉄や　どうは　電気を（　通します　・　通しません　）が,　木や　ガラスは　電気を（　通します　・　通しません　）。

ノートにまとめる

● かん電池と　豆電球を　どう線で　つないで　回路が　できると,　電気が　通り　豆電球に　明かりが　つく。

● ものには　電気を　通す　ものと　通さない　ものが　ある。

17 電気の 通り道

答え▶18ページ

✦✦✦ ハイ レベル …… マスターしよう

回路が できるのは かん電池の どこに どう線を つないだときでしょう。また，電気を 通す ものを もっと 調べて みましょう。

1 豆電球シール かん電池に つなぐ どう線の つなぎ方を いろいろかえて 豆電球に 明かりが つくか どうかを 調べました。豆電球シールを はって，あとの 文の （　）に あてはまる言葉を 書きましょう。

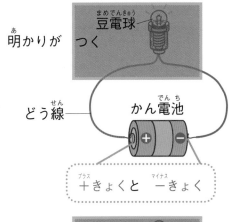

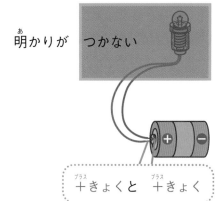

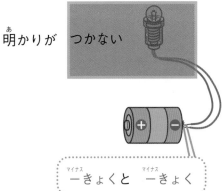

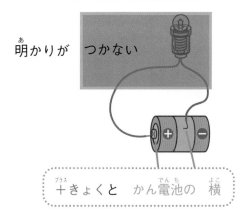

電気が 通って 豆電球に 明かりが つくのは，どう線を

かん電池の （　　　　　　　と　　　　　　　　）に

つないだ ときです。

スマートフォンの　画面を　さわると，スマートフォンと
体の　間に　とても　弱い　電気が　通ります。
スマートフォンは　その　電気を　読み取って　動きます。

❷ いろいろな　ものに　どう線を　つないで　豆電球の　明かりが
つくかを　調べました。電気を　通す　ものの　▢に　○を
かきましょう。また，あとの　文の　▭　の　中の　言葉を
なぞって，電気を　通す　ものに　ついて　たしかめましょう。

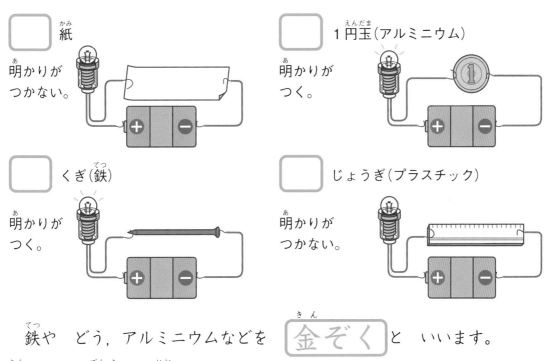

▢ 紙
明かりが
つかない。

▢ 1円玉(アルミニウム)
明かりが
つく。

▢ くぎ(鉄)
明かりが
つく。

▢ じょうぎ(プラスチック)
明かりが
つかない。

鉄や　どう，アルミニウムなどを　金ぞく　と　いいます。
金ぞくは　電気を　通します。

💡 しこうりょく トレーニング

★ かん電池，豆電球，はさみを
どう線で　つないで　豆電球に
明かりを　つけるには，どう線を
はさみの　どこに　つなぎますか。
図に　どう線を　かきましょう。

かんがえよう・つたえよう

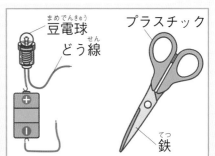

豆電球
どう線
プラスチック
鉄

18 電気の はたらき

標準レベル　　　トライ
しよう

かん電池には ＋きょくと －きょくが あります。かん電池を
つなぐ 向きを かえたり，数を ふやしたり すると
どう なるのでしょうか。モーターを 使って 調べて みましょう。

1 かん電池に モーターを つなぐと，モーターが 回りました。
かん電池の つなぐ 向きを かえると，モーターの 回る 向きは
どう なりますか。 ⟶ を なぞって たしかめましょう。また，
あとの 文の （　　）に あてはまる 言葉を ○で かこみましょう。

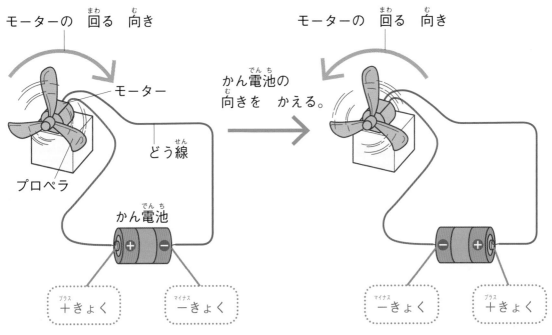

かん電池を つなぐ 向きを かえると モーターの 回る
（ 速さ ・ 向き ）も かわります。

ものしり クイズ Q18 ある　食べ物で　電池を　作る　ことが　できるよ。何かな？
パン　🍞　　　　クッキー　🍪　　　　レモン　🍋

2 かん電池シール　かん電池シールを　はって，かん電池　2この　つなぎ方と
モーターの　回り方を　たしかめましょう。また，⬭の　中の
言葉を　なぞり，あとの　文の　（　）に　あてはまる　言葉を
○で　かこみましょう。

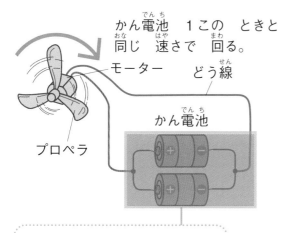

かん電池　1この　ときと
同じ　速さで　回る。

モーター　　どう線

かん電池

プロペラ

へい列つなぎ

かん電池の　＋きょく　どうし，
−きょく　どうしを　つなぐ
つなぎ方。

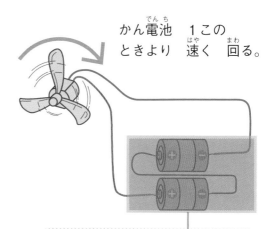

かん電池　1この
ときより　速く　回る。

直列つなぎ

かん電池の　＋きょくと，べつの
かん電池の　−きょくを　つなぐ
つなぎ方。

かん電池　2こを　（　直列　・　へい列　）つなぎに　すると，

モーターの　回る　速さは，かん電池が　1この　ときより　速く　なります。

ノートにまとめる

● かん電池の　つなぐ　向きを　かえると，モーターの　回る
向きも　かわる。

● かん電池　2こを　直列つなぎに　すると，かん電池が　1この
ときより　モーターの　回る　速さは　速く　なる。

73

18 電気の はたらき

答え▶19ページ

ハイ レベル　マスターしよう

かん電池の つなぎ方を かえると モーターの 回り方が
かわったのは なぜでしょうか。くわしく 調べて みましょう。

❶ かん電池の つなぐ 向きを かえて 電流の 流れ方を
調べました。 ——→ を なぞって 電流の 流れる 向きを
たしかめましょう。また, あとの 文の （　　）に あてはまる
言葉を ○で かこみましょう。

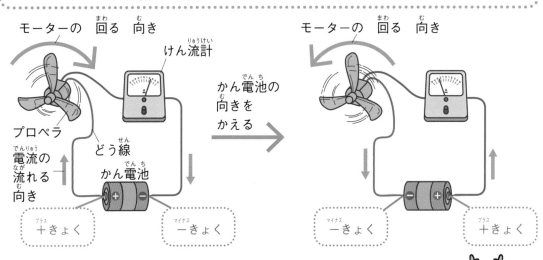

> **電流**　電気の 流れ。電流の 流れる 向きや 大きさは
> けん流計で 調べる ことが できる。

電流は かん電池の ＋きょくから
モーターを 通って ーきょくに
向かうように 流れて いるね。

かん電池を つなぐ 向きを かえると, 電流の 流れる
（　大きさ ・ 向き　）が かわり, モーターの 回る 向きも
かわります。

レモンの　しるは　とても　電気を　通しやすいです。
レモンに　どう線で　つないだ　2しゅるいの　金ぞくを
さすと　電池に　なって　電流が　流れます。

2 かん電池　2この　つなぎ方を　かえて　流れる　電流の　大きさを
調べました。（　　　）に　あてはまる　言葉を　○で　かこみましょう。

へい列つなぎ

モーターの　回る　向き

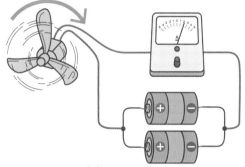

モーターに　流れる　電流の　大きさが
かん電池　1この　ときと　同じ。

直列つなぎ

モーターの　回る　向き

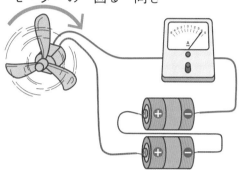

モーターに　流れる　電流の　大きさが
かん電池　1この　ときより　大きい。

かん電池　2こを　（　直列つなぎ　・　へい列つなぎ　）で　つなぐと

流れる　電流の　大きさが　大きく　なり，モーターが

（　速く　・　おそく　）　回ります。

💡しこうりょくトレーニング　かんがえよう・つたえよう

★　モーターの　回る　向きを　㋐と　反対に　して，回る　速さを
㋐より　速く　するには　かん電池と　モーターを　どう
つなげば　よいですか。2この　かん電池と　モーターを　線で
つなぎましょう。

㋐
モーターの　回る　向き

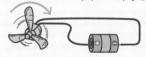

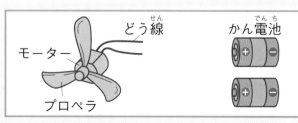
どう線
かん電池
モーター
プロペラ

19 じしゃくの はたらき

標準レベル ……… トライ しよう

あなたの 家や 学校では じしゃくを どのように 使って いますか。
じしゃくに つく ものと つかない ものには どのような ちがいが
あるのでしょうか。じしゃくの せいしつを 調べて みましょう。

1 どのような ものが じしゃくに つくか 調べました。じしゃくに
つく ものと つかない ものに 分けて，□□□□に 書きましょう。
また，（　）に あてはまる 言葉を ○で かこみましょう。

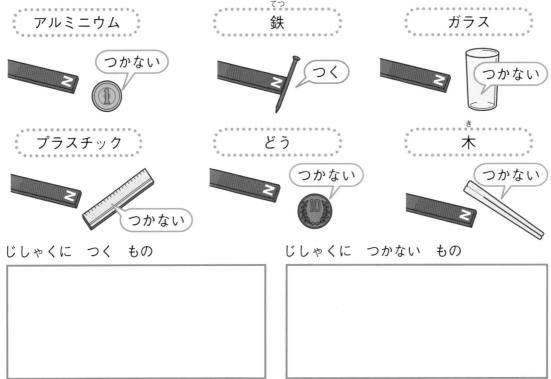

じしゃくに つく もの

じしゃくに つかない もの

じしゃくは （ 金ぞく ・ 鉄 ）を
引きつけます。

鉄や アルミニウム，
どうなどを まとめて
金ぞくと いうよ。

Q19 じしゃくの 力で 動くのは どれかな？

リニア
モーターカー 　　ヘリコプター 　　ヨット

2 次の 図は，ぼうじしゃくに 鉄の クリップを 近づけて 持ち上げた ようすです。 ⬭ の 中の 言葉を なぞりましょう。

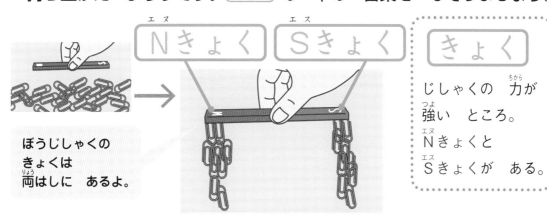

Ｎきょく　Ｓきょく

きょく

じしゃくの 力が 強い ところ。Ｎきょくと Ｓきょくが ある。

ぼうじしゃくの きょくは 両はしに あるよ。

3 2つの じしゃくの きょくを 近づけました。けっかを ━━ で むすびましょう。

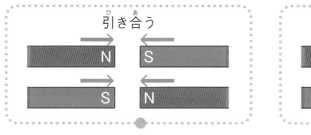

引き合う

| N | S |
| S | N |

しりぞけ合う

| N | N |
| S | S |

同じ きょくどうしは しりぞけ合う。

ちがう きょくどうしは 引き合う。

ノートにまとめる

◉ じしゃくは，鉄を 引きつける。

◉ じしゃくには Ｎきょくと Ｓきょくが ある。ちがう きょくどうしは 引き合い，同じ きょくどうしは しりぞけ合う。

19 じしゃくの　はたらき

答え▶20ページ

★★★ **ハイ** レベル　　マスターしよう

じしゃくの　力が　どのように　はたらくか，じっけんを　して
調べて　みましょう。

❶ じしゃくの　はたらきを　調べました。調べる　こと，じっけん，
わかった　ことを　──で　むすびましょう。

調べる　こと

じしゃくの　力は　はなれて
いる　鉄にも　はたらくか。

じしゃくに　鉄くぎを
つけると　じしゃくに　なるか。

じっけん

糸を　つけた　鉄の
クリップに　じしゃくを
近づける。

引きつけられた！

鉄の　クリップ

じしゃくに　つけた　あとの
鉄くぎを　ほかの　鉄くぎに
近づける。

鉄くぎ

引きつけられた！

わかった　こと

じしゃくに　つけた　鉄は
じしゃくに　なる。

じしゃくの　力は
はなれて　いる　もの（鉄）に
はたらく。

ものしり
クイズ
の答え

Q19
リニアモーター
カー

リニアモーターカーは，じしゃくが 引き合う 力や
しりぞけ合う 力を 利用して，車体を
うき上がらせたり 走らせたり します。

❷ 2つの じしゃくを いろいろな 向きで 近づけました。
右の じしゃくの ◯ は，それぞれ 何きょくですか。◯ に
Sか Nかを 書きましょう。

引き合う　　じしゃく

S　N　◯◯

しりぞけ合う　　じしゃく

N　S　◯◯

❸ 次の 図の ように，自由に 回る ように した アの
じしゃくに イの じしゃくを 近づけました。アの じしゃくが
動く 向きの ⟶ を なぞりましょう。

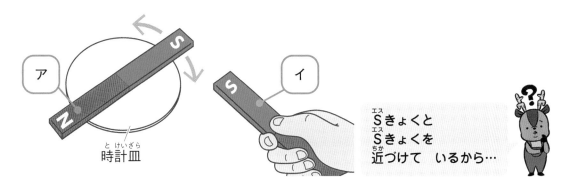

ア　　S　　N

時計皿

イ　　S

Sきょくと
Sきょくを
近づけて いるから…

しこうりょくトレーニング　　かんがえよう・つたえよう

★ わの 形の じしゃくを ぼうに 2つ
通すと，右の 図の ように 上の
じしゃくが うきました。上の
じしゃくの ア，イは それぞれ
何きょくですか。

ア：（　　）きょく　イ：（　　）きょく

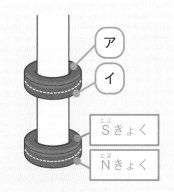

ア
イ

Sきょく

Nきょく

答え▶21ページ

20 風と ゴムの 力

標準レベル　トライしよう

風が 強い 日に 歩きにくいと 思った ことや, ゴムの 入った ズボンを はく ときに ゴムの 手ごたえを 感じた ことは ありませんか？ 風と ゴムの 力に ついて 調べて みましょう。

1 ほの ついた 車に 風を 当てました。◯◯ に あてはまる 数を 書きましょう。また, あとの 文の （　） に あてはまる 言葉を ◯で かこんで, 風の 力に ついて たしかめましょう。

風が 弱い とき

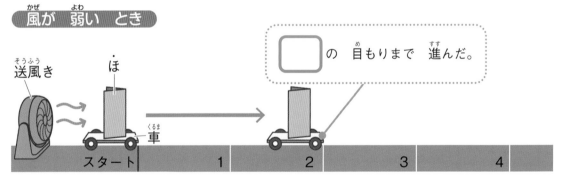

◯ の 目もりまで 進んだ。

送風き　ほ　車　スタート　1　2　3　4

風が 強い とき

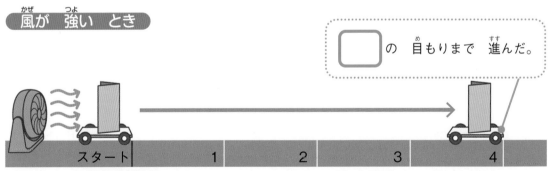

◯ の 目もりまで 進んだ。

スタート　1　2　3　4

風の 力で ものを 動かす ことが （ できます ・ できません ）。
風が （ 強い ・ 弱い ）ほど, ものの 動きかたは 大きいです。

2 わゴムを 引っかけた 車を 引っぱり, 手を はなすと, 車が
走りました。（　　）に あてはまる 言葉を ○で
かこみましょう。

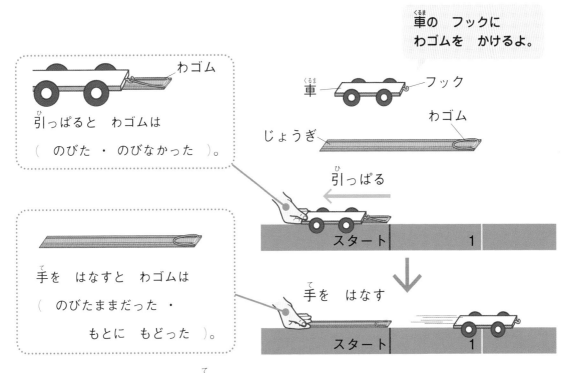

車の フックに
わゴムを かけるよ。

わゴム

引っぱると わゴムは
（　のびた ・ のびなかった　）。

手を はなすと わゴムは
（　のびたままだった ・
もとに もどった　）。

車　フック

わゴム

じょうぎ

引っぱる

スタート　　　1

手を はなす

スタート　　　1

わゴムを のばして 手を はなすと

（　もとに もどろう ・ さらに のびよう　）と する 力が

はたらいて, 車が 走ります。

ノートにまとめる

● 風の 力で, ものを 動かす ことが できる。
● 風が 強いほど, ものの 動きかたは 大きく なる。
● ゴムが もとに もどろうと する 力で, ものを 動かす
ことが できる。

81

20 風と ゴムの 力

答え▶21ページ

★★★ ハイ レベル ……… マスター しよう

わゴムの 使い方を くふうしたら, 車は 速く なるでしょうか。
ゴムの 力に ついて, じっけんして みましょう。

1 わゴムを ア〜ウの ように して のばした ときの
手ごたえを 調べました。（　）に あてはまる 言葉を ○で
かこみましょう。

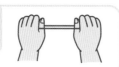

ア
わゴムの 数：1本
のばす 長さ：短い

わゴムの もとに
もどろうと する 力が
大きいほど 手ごたえが
大きく なるよ。

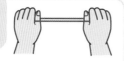

イ
わゴムの 数：1本
のばす 長さ：長い

アより 手ごたえが
（ 大きい ・ 小さい ）。

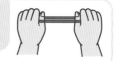

ウ
わゴムの 数：2本
のばす 長さ：短い

アより 手ごたえが
（ 大きい ・ 小さい ）。

2 わゴムを 使って 車を 走らせます。1本の わゴムの 長さや
数を 次の ように かえると, 車の 走る 長さは どう なると
思いますか。**1**の じっけんを もとに, 予想して みましょう。

●わゴムを のばす 長さを 長くする。

車の 走る 長さは （　　　　　　）と 思う。

●わゴムの 数を ふやす。

車の 走る 長さは （　　　　　　）と 思う。

高い ビルに 当たった 風が ビルの
横を 通りぬける ときに とても 強い
風に なる ことが あります。

❸ 次の 図は, わゴムの 数や のばす 長さを かえて 車を
走らせた ようすです。 あとの 文の （　）に あてはまる
言葉を ○で かこみましょう。

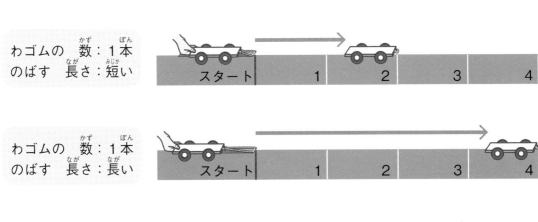

わゴムの のばす 長さを （　長く ・ 短く　） すると, 車の 走る
長さは 長く なります。わゴムの 数を （　ふやす ・ へらす　）
と, 車の 走る 長さは 長く なります。

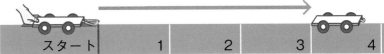

💡 しこうりょく トレーニング　　かんがえよう・つたえよう

☆ 風や ゴムの 力を 利用して いる ものを さがして
たくさん 書きましょう。

21 ものの 重さと 形

標準 レベル　トライ しよう

ものには 重さが あります。ものの 形を かえると ものの
重さは どう なると 思いますか。たしかめて みましょう。

1 ひかるさんは 体重計の のり方に よって 体重が かわるかを
知りたいと 思いました。**イ**，**ウ**の体重計の 目もりは 何kgを
しめすと 思いますか。（　　）に あなたの 予想を 書きましょう。

重さの 表し方

ものの 重さは グラムや
キログラムという たんいで 表します。
1キログラムは 1000グラムです。

重さの たんいの 書き方

1g　　1kg

ア 両足で のる。

イ かた足で のる。

ウ すわって のる。

25kg

? kg

? kg

（　　　　　　）kg

（　　　　　　）kg

Q21 アフリカゾウの 体重は 何kg くらいかな？
500kg　　　1000kg　　　5000kg

2 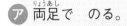 ひかるさんは いろいろな のり方で 体重計に のりました。
重さシールを はって **1**の けっかを たしかめましょう。

ア 両足で のる。　　　　**イ** かた足で のる。　　　　**ウ** すわって のる。

25kg

25kg

25kg

●体重計の しめす 重さは のり方に よって かわりますか，

かわりませんか。　　　　　　　（　　　　　　　　　　　）

3 ねんどの 重さを はかると 100gでした。ねんどの 形を かえて
重さを はかると 何gに なりますか。絵や あとの 文の
（　　）に あてはまる 数字や 言葉を 書いて，ものの 重さに
ついて たしかめましょう。

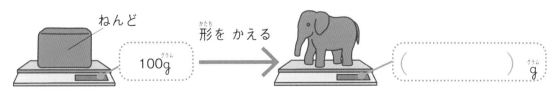

ねんど

形を かえる

100g

（　　　　　　　　　　　）
g

ものの 重さは 形に よって （　　　　　　　　　　　）

ノートにまとめる

● 形を かえても ものの 重さは かわらない。

21 ものの　重さと　形

答え▶22ページ

★★★ ハイ レベル マスターしよう

重さは　ものに　よって　ちがうのでしょうか。いろいろな　ものの
重さを,　同じ　大きさに　して　くらべて　みましょう。

❶ 同じ　大きさの　5つの　ものの　重さに　ついて,（　　）に
あてはまる　言葉を　書きましょう。

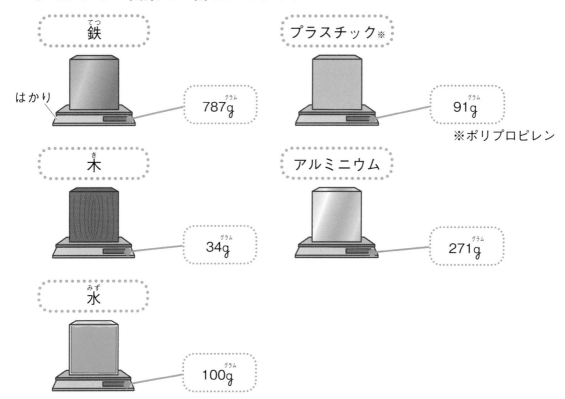

鉄
はかり
787g

プラスチック※
91g
※ポリプロピレン

木
34g

アルミニウム
271g

水
100g

●5つの　ものを　重い　ものから　じゅんに　ならべましょう。

（　　　　　　　）→（　　　　　　　　）→（　　　　　　　）

→（　　　　　　　　）→（　　　　　　　）

●同じ　大きさの　ものの　重さは,　ものに　よって

ちがいますか,　同じですか。　　　　（　　　　　　　　　）

ものしり？クイズ の答え

Q21 5000kg

アフリカゾウの 体重は
およそ 5000kg。自動車 4〜5台と
同じくらいの 重さです。

同じ！

2 ①で 重さを くらべた 4つの ものを 水に 入れる
じっけんを すると，次の 図の ように ういたり しずんだり
しました。（　）に あてはまる 言葉を 書きましょう。

うく

木

プラスチック※

水

しずむ

鉄

アルミニウム

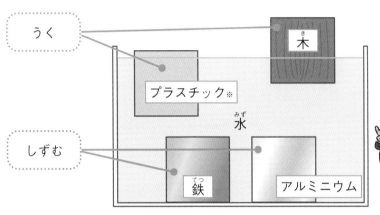

※プラスチックは
しゅるいに よって 水に
うく ものと しずむ
ものが あります。

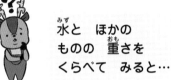

水と ほかの
ものの 重さを
くらべて みると…

● 水に ういた ものは どれと どれですか。

（　　　　　　　）（　　　　　　　）

● 水に しずんだ ものは どれと どれですか。

（　　　　　　　）（　　　　　　　）

● じっけんから，水に うく ものは，水と くらべて どのような
重さの ものだと わかりますか。

（　　　　　　　　　　　　　　　　）

💡**しこうりょく**トレーニング　かんがえよう・つたえよう

⭐ 水に 氷を 入れると 氷は うきます。この
ことから どのような ことが わかりますか。

氷

水

87

トクとトクイになる！

小学ハイレベルワーク

理科 1・2年

答えと考え方

「答えと考え方」は，
とりはずすことが
できます。

1 | 植物の 体の つくりと 育ち方

標準レベル +

ポイント 体のつくりや育ち方など，植物（種子植物）に共通する特徴について学びます。身近な植物で，葉がどのように茎についているかなどを観察してみましょう。

+ + + **標準**レベル **トライしよう**

学校の 花だんなど，身の まわりの 花を さかせて います。植物は どいて，また，どのように 育って い

「植物は枯れるけれど，たねをまくと，また芽が出るね」など，生命のサイクルについて，お話をしてみてください。

① ◯◯◯ の 中の 言葉を なぞ◯ 部分と 名前を ◯て むすびましょう。

ホウセンカの 体の つくり

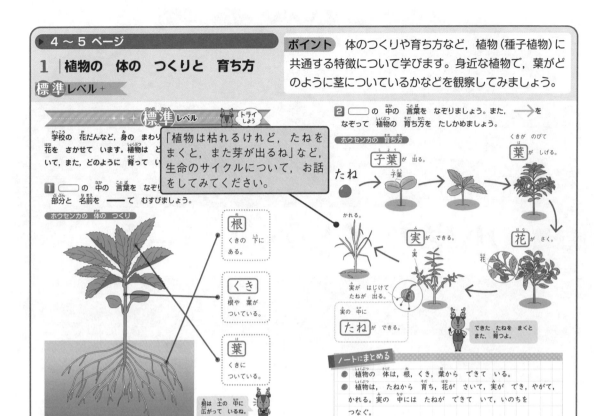

| 根 |
| くきの 下に ある。 |

| くき |
| 根や 葉が ついている。 |

| 葉 |
| くきに ついている。 |

根は 土の 中に 広がって いるね。

② ◯◯◯ の 中の 言葉を なぞりましょう。また，→◯ をなぞって 植物の 育ち方を たしかめましょう。

ホウセンカの 育ち方

たね → 子葉が 出る。 → 葉が しげる。 くきが のびて

実が できる。 ← 花が さく。

かれる。

実が はじけて たねが 出る。

実の 中に たねが できる。

できた たねを まくと また，育つよ。

ノートにまとめる

● 植物の 体は，根，くき，葉から できて いる。
● 植物は，たねから 育ち，花が さいて，実が でき，やがて，かれる。実の 中には たねが できて いて，いのちを つなぐ。

---

1 | 植物の 体の つくりと 育ち方

ハイレベル ++

ポイント 花のつくりや実のでき方について，くわしく学びます。アサガオとヘチマの花の似ているところ，ちがっているところに注目して，図を比べてみましょう。

植物は 花が さいて 実が できます。花は どのような つくりをして いて，実は どのように できるのでしょうか。

① ◯◯ の 中の 言葉を なぞったり，花シールを はったりして，アサガオと ヘチマの 花の つくりを たしかめましょう。

アサガオ

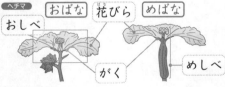

花びら | めしべ 実に なる 部分が ある。
おしべ 花ふんを 出す。 | がく

ヘチマ

おばな 花びら めばな
おしべ
がく めしべ

② ヘチマの 花に ついて，( )に あてはまる 言葉を ◯て かこみましょう。

ヘチマの 花には おばなと めばなが あり，

おばなには (おしべ・めしべ) が あり，

めばなには (おしべ・めしべ) が あります。

虫の 体に花粉がついていること，虫は花から花へ飛び回ることに注目して考えます。

③ 次の 図は ヘチマの 実の でき方を 表して います。あとの 文の ( )に あてはまる 言葉を 書きましょう。

ヘチマの 実の でき方

花が さく。 / めしべに 花ふんが つく。 / 実が でき，中に たねが できる。

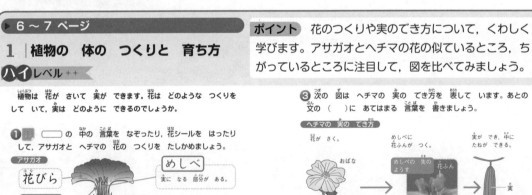

おばな / めしべの 先の ようす 花ふん / 実
めばな / めばな / たね

おしべから 出た (花ふん)が めしべに つくと，
(実)が でき，中に (たね)が できます。

しこうりょくトレーニング かんがえよう・つたえよう

★ ヘチマの おばなと めばなは はなれて いるのに，なぜ おしべの 花ふんが めしべに つくのでしょうか。次の 写真を 考えて，◯◯ に 書きましょう。

(例)虫が 花ふんを 運ぶから。

2

2 こん虫の 体の つくりと 育ち方

標準レベル ＋

＋ ＋ 標準レベル ＋ トライしよう

草むらなどを さがすと，チョウや バッタなどの こん虫を
見つける ことが できます。こん虫は，どのような 体の つくりを
して いて，どのように 育つのでしょうか。

1 モンシロチョウの 頭を 赤色に，むねを 青色に，はらを 黄色に
ぬりましょう。また，◯ の 中の 言葉を なぞりましょう。

モンシロチョウ

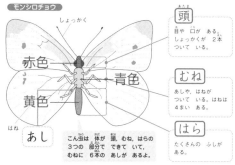

しょっかく

赤色
青色
黄色

はね
あし

頭
目や 口が ある。
しょっかくが 2本
ついて いる。

むね
あしや，はねが
ついて いる。はねは
4まい ある。

はら
たくさんの ふしが
ある。

こん虫は 体が 頭，むね，はらの
3つの 部分で できて いて，
むねに 6本の あしが あるよ。

2 モンシロチョウには あしが 何本 ありますか。（ 6 ）本

ポイント 昆虫の体のつくりと，育ち方について学びま
す。モンシロチョウやバッタは，身近に見られる昆虫です。
公園などに行ったときには，ぜひ探してみてください。

3 ◯ の 中の 言葉を なぞって モンシロチョウの 育ち方を
たしかめましょう。

モンシロチョウの 育ち方

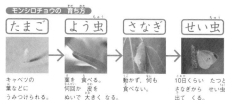

| たまご | よう虫 | さなぎ | せい虫 |

キャベツの
葉などに
うみつけられる。

葉を 食べる。
何回か 皮を
ぬいで 大きく なる。

動かず，何も
食べない。

10日くらい たつと
さなぎから せい虫が
出て くる。

4 育ち方シールを はって，バッタの 育ち方を たしかめましょう。

バッタの 育ち方（ショウリョウバッタ）

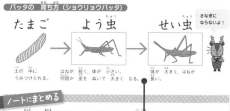

さなぎに
ならないよ！

| たまご | よう虫 | せい虫 |

土の 中に
うみつけられる。

はねが 短く，体が 小さい。
何回か 皮を ぬいで 大きく なる。

体が 大きく，はねが
長い。

ノートにまとめる

バッタの幼虫は，皮を脱いで（脱皮を
して）大きくなります。バッタの幼虫
と成虫は，似た姿をしています。

---

2 こん虫の 体の つくりと 育ち方

ハイレベル ＋＋

バッタなど，ほかの こん虫も，チョウと にた 体の つくりを
して います。

1 こん虫の 体の 部分と 名前を ── て むすびましょう。

モンシロチョウ　バッタ（ショウリョウバッタ）

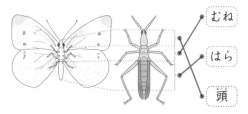

むね
はら
頭

2 モンシロチョウと バッタの 体の つくりを くらべて，
（ ）に あてはまる 言葉を ◯て かこみましょう。

●体の 分かれ方は，（ 同じ ）・ちがう

●あしの 数は，（ 同じ ）・ちがう

「むね」「はら」は
順不同。

3 次の 文の （ ）に あてはまる 言葉や 数字を 書きましょう。
こん虫の 体は 頭，（ むね ），（ はら ）の 3つに
分かれて います。こん虫の あしは（ 6 ）本 あり，
（ むね ）に ついて います。

ポイント 体の特徴に注目して，モンシロチョウとバッ
タの同じところ，ちがうところを考えます。このような考
え方は，中学校で学習する生物の分類の基礎となります。

4 次の 写真は モンシロチョウの 育ち方を 表して います。
あてはまる すがたの 名前を ◯ に 書きましょう。また，
モンシロチョウが たまごから 育つ じゅんに，（ ）に 数字を
書きましょう。

たまご　せい虫　よう虫　さなぎ

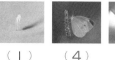

（ 1 ）　（ 4 ）　（ 2 ）　（ 3 ）

5 たまご→よう虫→さなぎ→せい虫の じゅんに 育つのは，
モンシロチョウと バッタの どちらですか。

（ モンシロチョウ ）

昆虫とクモの体のつく
りのちがいに注目して
考えます。

ーミング　かんがえよう・つたえよう

ありません。図を 見て 理由を
考えて，◯ に 書きましょう。

クモ

（例）あしが 8本だから。
体が，頭，むね，はらに
わかれて いないから。

3

4

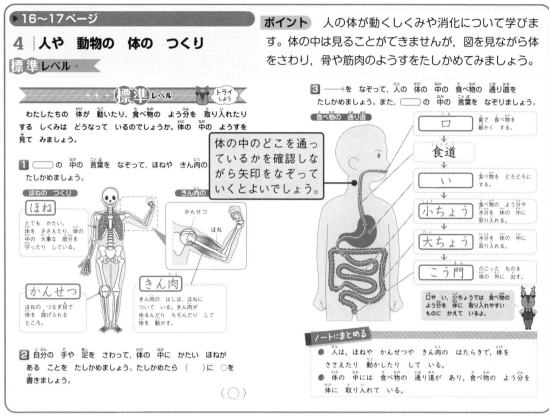

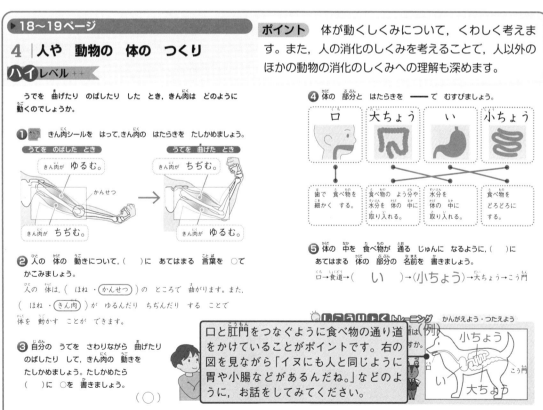

5 | 生き物と　空気・食べ物

標準レベル +

見たり触れたりできない気体の理解は，低学年のお子さまには少し難しいので，図を見ながら，ふくまれる気体の割合などをイメージしてみてください。

空気は 目に 見えないけれど ふくろに 集めると 空気が ある ことが わかるよ。

空気に ふくまれる もの

ちっそ

さんそ

にさんかたんそ など

空気

空気を すったり はいたり して 息を する ことを　こきゅう　といいます。

2 さんその 動き ⇒ を 赤色て，にさんかたんその 動き ⇒ を 青色て ぬりましょう。また，あとの 文の （　）に あてはまる ほうの 言葉を ○て かこんて，こきゅうの しくみを たしかめましょう。

こきゅうの しくみ

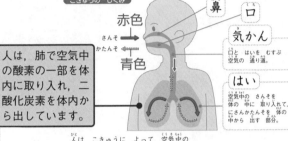

赤色 さんそ ⇒
にさんかたんそ ⇐ 青色

鼻

口

気かん
口と はいを むすぶ 空気の 通り道。

はい
空気中の さんそを 体の 中に 取り入れて，にさんかたんそを 体の 中から 出す 部分。

人は，肺で空気中の酸素の一部を体内に取り入れ，二酸化炭素を体内から出しています。

人は こきゅうに よって，空気中の （さんそ・にさんかたんそ）を 取り入れて，空気中に （さんそ・にさんかたんそ）を 出して います。

ノートにまとめる

● 空気には さんそや にさんかたんそなどが ふくまれて いる。
● 人は こきゅうに よって 空気中の さんそを 取り入れて，空気中に にさんかたんそを 出して いる。

---

5 | 生き物と　空気・食べ物

ハイレベル ++

わたしたちが こきゅうで 取り入れる さんそが なくならないのは なぜでしょうか。

1 さんその 動き ⇒ を 赤色て，にさんかたんその 動き ⇒ を 青色て ぬりましょう。また，あとの 文の （　）に あてはまる 言葉を ○て かこんて，かん係を たしかめましょう。

光合せい
植物が 日光に 当たって，にさんかたんそと 氷を 使って よう分を つくり出す はたらき。この ときに さんそを 出す。

青色
にさんかたんそ
さんそ
赤色

こきゅう
植物も こきゅうを して いる。こきゅうで 取り入れる さんそは 光合せいで 出す さんそより 少ない。

さんそ ⇒
にさんかたんそ ⇐

植物は 日光に 当たると 光合せいに よって （さんそ・にさんかたんそ）を 取り入れて，よう分を つくり，（さんそ・にさんかたんそ）を 出します。

2 わたしたちが こきゅうて 取り入れる さんそを つくり出して いるのは，動物と 植物の どちらですか。　（　植物　）

3 次の 図は 生き物どうしの つながりを 表して います。□ の 中の ⇒ を なぞりましょう。また，あとの 文の （　）に あてはまる 言葉を ○て かこみましょう。

人は，野菜や果物などの植物を直接食べたり，植物を食べて育った牛などの動物を食べたりして生きています。

植物

空気 人
さんそ
にさんか たんそ
食べ物

人は，植物が つくり出した さんそや よう分を 取り入れて 生きて いるんだ。

人と 植物は 食べ物や 空気を 通して，（つながって います・つながって いません）。

しこうりょくトレーニング　かんがえよう・つたえよう

空気（酸素，二酸化炭素）や食べ物を通した，植物と人の関係に注目して考えます。

□の 山から 木を 切って しまうと，どう なるてすか。□に 書きましょう。

（例）人や 動物の 食べ物や すむ ところが なくなり 生きて いけなく なる。

6 ｜太陽，日なたと　日かげ

標準レベル +

標準 レベル ・・・ トライしよう

日なたに　立つと，足もとから　自分の　かげが　のびて　いることに
気づきます。かげは　どのように　できるのでしょうか。また，日なたと

> 太陽の高さや影の長さの変化に注目して図を見ると，時間による変化をより深く理解することができます。

ポイント　日光と影について学びます。体感として知っている日光のあたたかさや影のできかたを改めて観察することは，科学的な理解につながります。

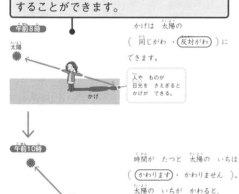

午前8時

太陽

かげは　太陽の
（ 同じがわ ・ **反対がわ** ）に
できます。

> 人や　ものが　日光を　さえぎると　かげが　できる。

かげ

午前10時

時間が　たつと　太陽の　いちは
（ **かわります** ・ かわりません ）。
太陽の　いちが　かわると，
かげの　いちは
（ **かわります** ・ かわりません ）。

2 （　）に　あてはまる　言葉を　◯て　かこみましょう。また，□□□の　中の　言葉を　なぞって，日なたと　日かげの　地面の　ようすを　たしかめましょう。

日なたの　ようす
日光が　当たるので
（ **明るい** ・ 暗い ）。

日かげの　ようす
日光が　当たらないので
（ 明るい ・ **暗い** ）。

地面は，　あたたかく　かわいて　いる。

地面は，　つめたく　しめって　いる。

日なたの　地面が　日かげの　地面より　あたたかいのは，
日光　で　あたためられるからです。

ノートにまとめる

● かげは　太陽の　反対がわに　できる。太陽の　いちが　かわると
　かげの　いちも　かわる。
● 日なたの　地面は　明るく，あたたかく　かわいて　いる。
　日かげの　地面は　暗く，つめたく　しめって　いる。

---

6 ｜太陽，日なたと　日かげ

ハイレベル ++

> ご自宅から見た東西南北の方位を，お子さまと一緒にたしかめてみるとよいでしょう。

❶ □□□の　中の　言葉を　なぞって，ほういじしんと　ほういについて　たしかめましょう。

ほういじしん
東西南北などの　ほういを　調べることが　できる。

北
西　　東
南

❷ 次の　図は，太陽の　1日の　動きを　表して　います。あとの　文の　（　）に　あてはまる　ほういを　書きましょう。

> 地面があたたまり始めるのは，朝，太陽がのぼってからであることに注目して考えます。

昼
朝
東　　南　　西

太陽は，（ **東** ）から　のぼり，（ **南** ）の　空を　通って，
（ **西** ）に　しずみます。

ポイント　太陽の動きと方位について学びます。「今は昼だから，太陽のあるほうが南だね。」など，日頃から方位に意識を向けるようにすると，方位の考え方が身につきます。

❸ □□□の　中の　言葉を　なぞったり，（　）に　あてはまる　言葉を　◯て　かこんだり　して，朝と　昼の　地面の　温度の　ちがいを　たしかめましょう。

温度計
あたたかさや　つめたさを　数字で　表す　ことが　できる。あたたかいほど　数字が　大きく　なる。

<目もりの　読み方>
15度と　読み
15℃ と　書く。

日なたの　地面の　温度
朝　　　昼
12℃　　21℃
↑上がった。

日かげの　地面の　温度
朝　　　昼
11℃　　14℃
↑上がった。

昼に　なると　地面の　温度が　大きく　上がったのは
（ **日なた** ・ 日かげ ）　です。

しこうりょくトレーニング　かんがえよう・つたえよう

★ 朝より　昼の　ほうが　日なたの　地面の　温度が　高いのは
なぜだと　思いますか。理由を　考えて，□□に　書きましょう。

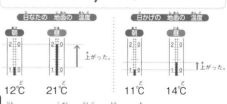

（例）日光が　当たっていた　時間が
長いから。

7 | 光

標準レベル+

ポイント 光の進み方と日光のエネルギーについて学びます。光の進み方は中学校でもくわしく学習しますが、小学校では直進と反射について学びます。

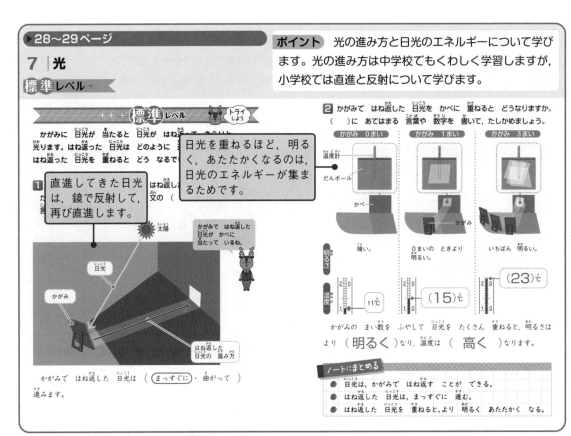

標準レベル トライしよう

かがみに 日光が 当たると 日光が はね返って、そこらいろいろ 光ります。はね返った 日光は どのように はね返った 日光を 重ねると どう なるで

直進してきた日光は、鏡で反射して、再び直進します。

1 はね返した、文の（　）

太陽

日光

かがみで はね返した 日光が かべに 当たって いるね。

かがみ

はね返した 日光の 進み方

かがみで はね返した 日光は （ まっすぐに ・ 曲がって ）
進みます。

2 かがみで はね返した 日光を かべに 重ねると どうなりますか。（　）に あてはまる 言葉や 数字を 書いて、たしかめましょう。

日光を重ねるほど、明るく、あたたかくなるのは、日光のエネルギーが集まるためです。

かがみ 0まい	かがみ 1まい	かがみ 3まい
温度計 だんボール		

明るさ：暗い。／0まいの ときより 明るい。／いちばん 明るい。

温度：11℃／（ 15 ）℃／（ 23 ）℃

かがみの まい数を ふやして 日光を たくさん 重ねると、明るさは
より （ 明るく ）なり、温度は （ 高く ）なります。

ノートにまとめる
- 日光は、かがみで はね返す ことが できる。
- はね返した 日光は、まっすぐに 進む。
- はね返した 日光を 重ねると、より 明るく あたたかく なる。

---

7 | 光

ハイレベル++

ポイント 日光を集めたときの明るさや温度について考えます。日光のエネルギーについての理解は、「天気のふしぎ」にもつながります。

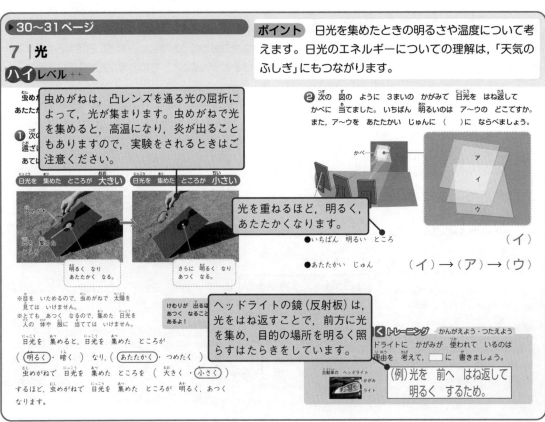

虫めがねは、凸レンズを通る光の屈折によって、光が集まります。虫めがねで光を集めると、高温になり、炎が出ることもありますので、実験をされるときはご注意ください。

1 次の 遠ざ あてた

日光を 集めた ところが 大きい／日光を 集めた ところが 小さい

虫めがね 熱く 集めた ところ

明るく なり あたたかく なる。／さらに 明るく なり あつく なる。

光を重ねるほど、明るく、あたたかくなります。

※目を いためるので、虫めがねで 太陽を 見ては いけません。
※とても あつく なるので、集めた 日光を 人の 体や 服に 当てては いけません。

けむりが 出るほど あつく なることも あるよ！

ヘッドライトの鏡（反射板）は、光をはね返すことで、前方に光を集め、目的の場所を明るく照らすはたらきをしています。

日光を 集めると、日光を 集めた ところが
（ 明るく ・暗く ）なり、（ あたたかく ・つめたく ）
虫めがねで 日光を 集めた ところを （ 大きく ・小さく ）
するほど、虫めがねで 日光を 集めた ところが 明るく、あつく
なります。

自動車の ヘッドライト／かがみ／ライト

2 次の 図の ように 3まいの かがみで 日光を はね返して
かべに 当てました。いちばん 明るいのは ア〜ウ の どこですか。
また、ア〜ウを あたたかい じゅんに （　）に ならべましょう。

かべ
ア
イ
ウ

- いちばん 明るい ところ　（ イ ）
- あたたかい じゅん　（ イ ）→（ ア ）→（ ウ ）

トレーニング かんがえよう・つたえよう

ドライトに かがみが 使われて いるのは
理由を 考えて、□に 書きましょう。

（例）光を 前へ はね返して
明るく するため。

8 | 雲と 天気，気温と 天気

標準レベル +

ポイント 天気と雲のようすや気温の関係について学びます。「積乱雲が出ているから夕立がありそうだね」など，日々の体感と天気を結びつけるようなお話をしてみてください。

+ + + 標準レベル ･････ トライしよう

今日は どんな 天気ですか。また，空に 雲は 見えますか。天気と 雲の ようすや 気温の あるでしょうか。

> 折れ線グラフについての理解が難しい場合は，「山が大きいほうが，温度の変化が大きいよ」などとお子さまに声をかけるとよいでしょう。

1 次の 写真は，いろいろな 雲　　　の 中の 言葉を なぞ　たしかめましょう。

らんそう雲

空の ひくい ところに できる 黒っぽい 雲。長い 時間 弱い 雨を ふらせる ことが 多い。

せきらん雲

空の ひくい ところから 高い ところまで のびる 雲。強い 雨を ふらせる ことが 多い。

こんな 雲も あるよ。

けん雲

けんせき雲

雲には いろいろな 形や 色の ものが あります。
雲には 雨を ふらせる ものが あります。

2 （　）に あてはまる 言葉を ○て かこんで，晴れの 日や くもりの 日の 気温の へんかを たしかめましょう。

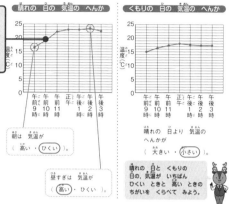

晴れの 日の 気温の へんか ／ くもりの 日の 気温の へんか

朝は 気温が （ 高い・ひくい ）。

昼すぎは 気温が （ 高い・ひくい ）。

晴れの 日より 気温の へんかが （ 大きい・小さい ）。

晴れの 日と くもりの 日の，気温が いちばん ひくい ときと 高い ときの ちがいを くらべて みよう。

ノートにまとめる

● 雲には いろいろな 形や 色の ものが ある。
● 晴れの 日の 気温は，朝は ひくく，昼すぎに 高く なる。
● 晴れの 日と くもりの 日では，晴れの 日の ほうが 気温の へんかが 大きい。

---

8 | 雲と 天気，気温と 天気

ハイレベル ++

ポイント 天気の晴れとくもりは，雲の量で決まります。実際に空を見上げて，雲の量がどれくらいで，天気は何になるかを考えてみると，より深い理解につながります。

空が どのような ときを 晴れや くもりと いうのでしょうか。天気の 晴れと くもりの 決め方を 見て みましょう。

> 太陽が直接見えるかどうかではなく，雲の量が8以下であれば「晴れ」です。また，雲の量にかかわらず，降雨があれば「雨」となります。

空全体を 10と した ときの 雲の りょうで 決める。
雲の りょうが 0～8なら 晴れ，9～10なら くもり。

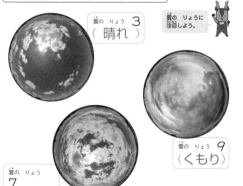

雲の りょに 注目しよう。

雲の りょう 3
（ 晴れ ）

雲の りょう 9
（ くもり ）

雲の りょう 7
（ 晴れ ）

2 次の グラフは，晴れの 日と くもりの 日の どちらの 気温の へんかを 表して いますか。あてはまる 天気と その 理由を ──── で むすびましょう。

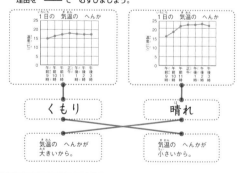

1日の 気温の へんか ／ 1日の 気温の へんか

くもり ／ 晴れ

気温の へんかが 大きいから。 ／ 気温の へんかが 小さいから。

> 「どちらの服をすすめるか」と「なぜそう考えたのか」を関連づけて考え，自分の言葉で説明をすることがポイントです。

□に 書きましょう。

（例）晴れの 日は 気温が 上がるので 半そでを すすめます。

9 | 天気の 予想, 台風

標準レベル +

ポイント 春のころの天気の変化や台風について学びます。テレビや新聞などで天気予報を見るときには, 晴れか雨かの予報だけでなく, 雲画像などの気象情報にも注目します。

＋ ＋ ＋ 標準 レベル トライしよう

天気予ほうは いろいろな 天気の きまりを もとに 出されます。天気は どのような きまりで かわるのでしょうか。

雲画像とアメダスの雨量情報を合わせて見ることで, 天気を知ることができます。

1 次の ……じょうほうて……( )に……しかたを……

アメダスとは 各地の雨や 気温などの 記ろくを まとめる しくみだよ。

雨りょうじょうほうなどの 天気の ようすを 調べた ものの こと。

雲画ぞう

白い 部分は 雲を 表している。

アメダスの 雨りょうじょうほう

雨の ふって いる ところや 雨の 強さが わかる しるし。

大阪 3日 14時〜15時 弱 強

大阪は, 雲が あって 雨の しるしが あるので, 大阪の 天気は (くもり ・ 雨)だと 考えられます。

東京は 雲が あって 雨の しるしが (ある ・ ない)ので 東京の 天気は (くもり ・ 雨)だと 考えられます。

2 次の 図は 春の れんぞくした 3日間の 雲画ぞうと 天気です。あとの 文の ( )に あてはまる 言葉を ○て かこみましょう。

春や秋, 日本付近では上空を吹く強い西風(偏西風)によって, 雲が西から東へと動きます。

雲画ぞう

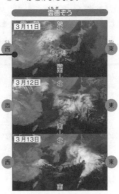

3月11日
3月12日
3月13日

天気

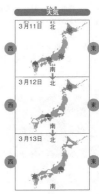

3月11日
3月12日
3月13日

春の ころの 雲や 雨の 場所は およそ (西から 東 ・ 東から 西)へ 動きます。

雲と いっしょに 雨の 場所も 動いて いるね。

ノートにまとめる

● 春の ころの 雲は, およそ 西から 東へと 動いて いき, 天気も およそ 西から 東へと かわって いく。

---

9 | 天気の 予想, 台風

ハイレベル ++

ポイント 台風などによる強風や大雨は, 大きな被害をもたらすことがあります。災害から身を守るために取るべき行動について, この機会にお子さまとお話をしてみてください。

台風は なぜ 台風……

日本の南の海上で発生した台風は, 太平洋上にある太平洋高気圧の縁にそって, 日本付近では, およそ南から北へと動くことが多くなります。北上したあと, 偏西風の影響で東寄りに進路を変えます。

1 次の ……たしかめ……

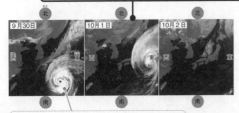

9月30日
10月1日
10月2日

台風

台風は うずを まいた 雲で, 夏 から 秋 に かけて 日本に 近づく ことが 多い。

台風は 日本の 南 の 海上で できて, しだいに 北 や 東の ほうへ 動きます。

2 次の 図は, 台風が 近づいた ときの ようすです。□□□ の 中の 言葉を なぞって, 台風が 近づくと どのような ことが 起こるかを たしかめましょう。

強い 風 が ふく。

はげしい 雨 が ふる。

3 次の 写真は, 台風が すぎた あとの ようすです。次の 文の ( )に あてはまる 言葉を ○て かこみましょう。

台風の 大雨や 強風に よって さいがいが 起こる ことが (あります ・ ありません)。

ご家庭にある植木鉢などを例に「植木鉢を片付ける」など, 具体的に考えるのもよいでしょう。

ラーニング かんがえよう・つたえよう

……身を 守るために, 台風が 近づいて……ば よいでしょう。□ に 書きましょう。

(例)台風が 遠ざかるまで 家の 外に 出ないように する。

10│月

標準レベル＋

ポイント　月の形の変化と月が光って見える理由について学びます。日々の月の形や見える時刻はインターネットなどで調べることができるので，ぜひ調べて観察をしてみてください。

＋＋＋ 標準レベル ＋ トライしよう

空を 見上げると 月が 光って 見える ことが あります。月は どうして 見える 形が かわるのでしょうか。また，月は どうして 光って 見えるのでしょうか。

1️⃣ 次の 図は，ある場所で 月を かんさつした 記ろくです。
◯ の 中の 言葉と ── を なぞって，月の 形と いちを たしかめましょう。また，あとの 文の（　）に あてはまる 言葉を ◯で かこみましょう。

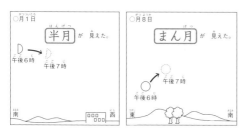

午後6時と 午後7時の 月の いちは，
（ かわって います ・ かわって いません ）。
月の 形は 日に よって（ ちがいます ・ 同じです ）。

2️⃣ 次の 写真は，まん月と 三日月の ようすです。あとの 文の（　）に あてはまる 言葉を ◯で かこんで，月の 光り方を

光っている 部分が 少ない月を 観察すると，太陽の 光が 当たらない 部分が うっすらと 見える ことが あります。これは，地球で 反射した 太陽の 光が 月の 影の部分を 照らすためです。

三日月

太陽の 光が 当たって，光って いる 部分の 一部が 見えて いる。

太陽の 光の 当たり方が ちがうから ちがう 形に 見えるんだね。

月は ボールのような（ 四角い 形 ・ 丸い 形 ）を して います。
月は（ 夜空の 星 ・ 太陽 ）の 光が 当たる ことで 光って います。

ノートにまとめる
● 時間が たつと 月の いちは かわる。
● 日に よって 月の 形は かわる。
● 月は 太陽の 光が 当たって いる ところが 光って 見える。

10│月

ハイレベル ＋＋

ポイント　月の動きや見え方について学びます。月は，毎日少しずつ空にのぼる時刻や見える形が変化し，約1か月でもとの見え方にもどります。

月は 日に よって 見える 場所や 形が かわります。月の 見え

月の出の 時刻は 毎日約50分ずつ 遅くなり，半月（上弦の月）から 満月までの 1週間で，およそ6時間遅くなります。

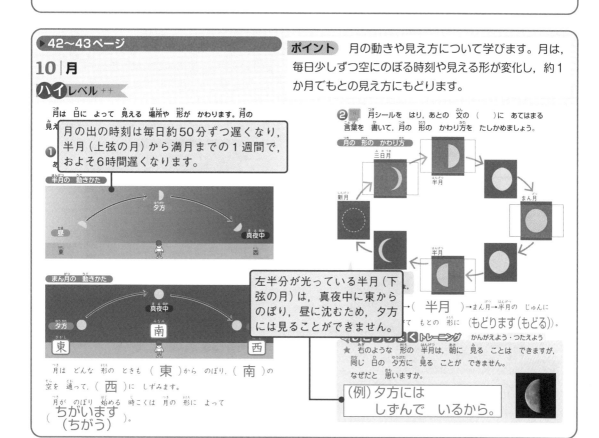

半月の 動きかた
夕方
昼
真夜中
東　　　西

まん月の 動きかた
真夜中
夕方
南
東　　　西

左半分が 光っている 半月（下弦の月）は，真夜中に東から のぼり，昼に沈むため，夕方には 見ることが できません。

月は どんな 形の ときも（ 東 ）から のぼり，（ 南 ）の 空を 通って，（ 西 ）に しずみます。
月が のぼり 始める 時こくは 月の 形に よって
（ ちがいます（ちがう）)。

2️⃣ 月シールを はり，あとの 文の（　）に あてはまる 言葉を 書いて，月の 形の かわり方を たしかめましょう。

月の 形の かわり方
三日月
半月
まん月
新月
半月

→（ 半月 ）→まん月→半月の じゅんに
て もとの 形に（ もどります（もどる）)。

★ 右のような 形の 半月は，朝に 見る ことは できますが，同じ 日の 夕方に 見る ことが できません。なぜだと 思いますか。

（例）夕方には
しずんで いるから。

11

11 | 星

標準レベル+

ポイント 星や星座について学びます。さそり座やはくちょう座は夏によく見える星座ですが，カシオペヤ座は一年中，見ることができる星座です。

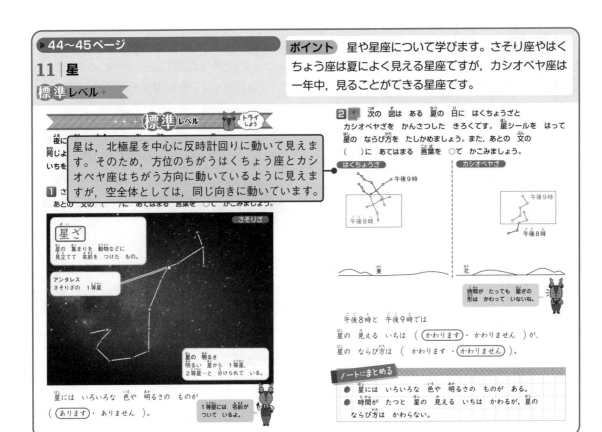

＋＋＋標準レベル　トライ しよう

夜に（…）
同じよ（…）
いちを（…）

> 星は，北極星を中心に反時計回りに動いて見えます。そのため，方位のちがうはくちょう座とカシオペヤ座はちがう方向に動いているように見えますが，空全体としては，同じ向きに動いています。

❶ さ（…）
あとの 文の（　）に あてはまる 言葉を ○で かこみましょう。

星ざ
星の 集まりを 動物などに 見立てて 名前を つけた もの。

アンタレス
さそりざの 1等星

さそりざ

星の 明るさ
明るい 星から 1等星，2等星…と 分けられて いる。

星には いろいろな 色や 明るさの ものが
（ あります ・ ありません ）。

1等星には 名前が ついて いるよ。

❷ 次の 図は ある 夏の 日に はくちょうざと カシオペヤざを かんさつした きろくです。星シールを はって 星の ならび方を たしかめましょう。また，あとの 文の（　）に あてはまる 言葉を ○で かこみましょう。

はくちょうざ
午後9時
午後8時

カシオペヤざ
午後9時
午後8時

東　　　北

時間が たっても 星ざの 形は かわって いないね。

午後8時と 午後9時では
星の 見える いちは（ かわります ・ かわりません ）が，
星の ならび方は（ かわります ・ かわりません ）。

ノートにまとめる
● 星には いろいろな 色や 明るさの ものが ある。
● 時間が たつと 星の 見える いちは かわるが，星の ならび方は かわらない。

---

11 | 星

ハイレベル++

ポイント 冬と夏の代表的な星について学びます。冬の大三角，夏の大三角は，町の中でも見ることができる明るい星です。空を見上げてさがしてみてください。

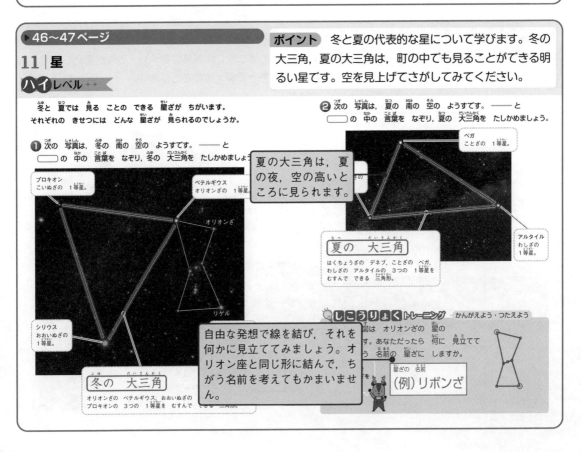

冬と 夏では 見る ことの できる 星ざが ちがいます。それぞれの きせつには どんな 星ざが 見られるのでしょうか。

❶ 次の 写真は，冬の 南の 空の ようすです。――と ◯の 中の 言葉を なぞり，冬の 大三角を たしかめましょう。

プロキオン
こいぬざの 1等星。

ベテルギウス
オリオンざの 1等星。

オリオンざ

リゲル

シリウス
おおいぬざの 1等星。

自由な発想で線を結び，それを何かに見立ててみましょう。オリオン座と同じ形に結んで，ちがう名前を考えてもかまいません。

冬の 大三角
オリオンざの ベテルギウス，おおいぬざの プロキオンの 3つの 1等星を むすんで できる 三角形。

❷ 次の 写真は，夏の 南の 空の ようすです。――と ◯の 中の 言葉を なぞり，夏の 大三角を たしかめましょう。

ベガ
ことざの 1等星。

夏の大三角は，夏の夜，空の高いところに見られます。

アルタイル
わしざの 1等星。

夏の 大三角
はくちょうざの デネブ，ことざの ベガ，わしざの アルタイルの 3つの 1等星を むすんで できる 三角形。

しこうりょくトレーニング かんがえよう・つたえよう

図は オリオンざの 星（…）
です。あなただったら 何に 見立てて（…）
う 名前の 星ざに しますか。

星ざの 名前
（例）リボンざ

12│流れる 水の はたらき

標準レベル+

+ + + 標準レベル + + + トライしよう

雨が ふると 校庭や 道などに 水の 流れが できます。水は どのように 流れて いくのか, 川の ようすに ちがいは あ□

1 次の 図は, 雨の 日の□ あてはまる 言葉を ○て□

> 川の石は, 上流から下流へ流される間に, ぶつかり合って割れたり, こすれ合って角がとれたりして, 小さく丸い石になっていきます。

水は (高い ・ ひくい) ところから
(高い ・ ひくい) ところへ 流れる。

水が 流れた ところは 土が
(つもって ・ けずられて)
みぞに なって いる。

水の 流れ

2 ( )に あてはまる 言葉を ○て かこんで, 山や平地を 流れる 川の ようすを たしかめましょう。

川は 山から
海へ 流れる。

山を 流れる 川
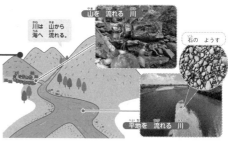
石の ようす

平地を 流れる 川

山を 流れる 川は, 川はばが (広く ・ せまく), 角ばっていて (大きい ・ 小さい) 石が 多く あります。
平地を 流れる 川は, 川はばが (広く ・ せまく), 丸くて
(大きい ・ 小さい) 石が 多く あります。

ノートにまとめる

● 水は 高い ところから ひくい ところへ 流れる。
● 水には 土を けずる はたらきが ある。
● 山を 流れる 川は 川はばが せまく, 角ばった 石が 多い。
● 平地を 流れる 川は 川はばが 広く, 丸い 石が 多い。

12│流れる 水の はたらき

ハイレベル++

川の 流れは 場所や 日に よって かわります。川の 流れが かわると どのような ことが 起こるでしょうか。

1 川に 石や すなを しずめて, 水の はたらきを 調べました。( )に あてはまる 言葉を ○て かこみましょう。

※川へ 行く ときは かならず おとなと いっしょに 行きましょう。
※川に 入る ときは かならず ライフジャケットを つけましょう。また, ひざより 深い ところに 入っては いけません。

板に 石や すなを のせて しずめる。

水の 流れが おそい ところ

水に しずめる 前 / 水に しずめた 後
石 すな

すなが 少し
(流された ・ 流されなかった)。

水の 流れが 速い ところ

水に しずめる 前 / 水に しずめた 後
石 すな

石も すなも
(流された ・ 流されなかった)。

水には, ものを 動かす 力が (あります ・ ありません)。
水の 流れが 速いと, 水が ものを 動かす
力は (大きく ・ 小さく) なります。

石や すなは
水の はたらきで
流されたよ。

2 次の 図は 大雨の 前と 大雨の ときの 川の ようすです。雨が ふると 川の 水の りょうや 水の 流れの 速さは どうなるでしょうか。

大雨の 前
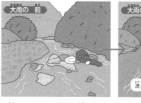

大雨の とき

水が 多い。
流れが 速い。

●雨が ふると 川の 水の りょうは どうなりますか。

(多く なる。)

> 川の水は, 上流で降った雨によって急に増えることもあるため, 上流もふくめて天気予報を確認することが大切です。

速さは どうなりますか。

(速く なる。)

かんがえよう・つたえよう
予ほうに 注意する ことが
大切です。それは なぜでしょうか。理由を 考えて
書きましょう。

(例)雨が ふると 川の 水が ふえて
きけんだから。

13 | 地そう

標準レベル +

ポイント 地層をつくる粒や，含まれるものについて学びます。電車や車で出かけたときなど，車窓から崖が見えたときは，地層のしまもようが見られないか注目してみましょう。

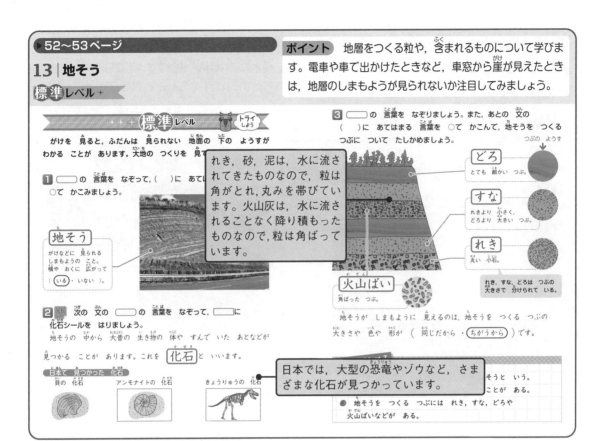

標準レベル トライしよう

がけを 見ると，ふだんは 見られない 地面の 下の ようすが わかる ことが あります。大地の つくりを 見て

1 ◯ の 言葉を なぞって，( )に あて ◯て かこみましょう。

地そう
がけなどに 見られる しまもようの こと。積や おくに 広がって (いる ・ いない)。

2 次の 文の ◯ の 言葉を なぞって，▢に 化石シールを はりましょう。
地そうの 中から 大昔の 生き物の 体や すんで いた あとなどが 見つかる ことが あります。これを **化石**と いいます。

日本で 見つかった 化石
貝の 化石 ・ アンモナイトの 化石 ・ きょうりゅうの 化石

れき，砂，泥は，水に流されてきたものなので，粒は角がとれ，丸みを帯びています。火山灰は，水に流されることなく降り積もったものなので，粒は角ばっています。

3 ◯ の 言葉を なぞりましょう。また，あとの 文の ( )に あてはまる 言葉を ◯て かこんて，地そうを つくる つぶに ついて たしかめましょう。

つぶの ようす

どろ
とても 細かい つぶ。

すな
れきより 小さく，どろより 大きい つぶ。

れき
丸い 小石。

れき，すな，どろは つぶの 大きさで 分けられて いる。

火山ばい
角ばった つぶ。

地そうが しまもように 見えるのは，地そうを つくる つぶの 大きさや 色や 形が (同じだから ・ ちがうから)です。

日本では，大型の恐竜やゾウなど，さまざまな化石が見つかっています。

…そうと いう。
…ことが ある。
● 地そうを つくる つぶには れき，すな，どろや 火山ばいなどが ある。

---

13 | 地そう

ハイレベル ++

ポイント 地層のてき方を学び，その広がりについて考えます。流れる水のはたらきでできる地層も，火山灰の地層も，広範囲に積もってできるため，地層には広がりがあります。

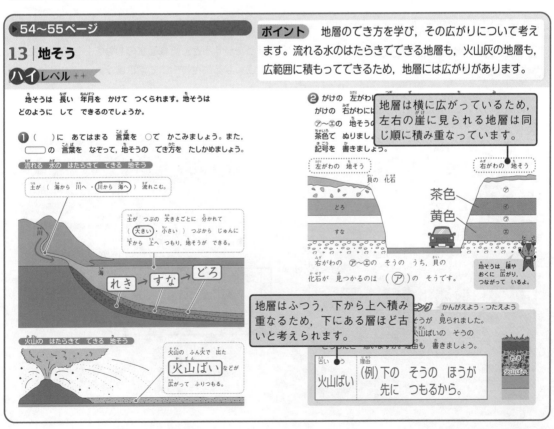

地そうは 長い 年月を かけて つくられます。地そうは どのように して できるのでしょうか。

1 ( )に あてはまる 言葉を ◯て かこみましょう。また，◯ の 言葉を なぞって，地そうの てき方を たしかめましょう。

流れる 水の はたらきて てきる 地そう
土が (海から 川へ ・ 川から 海へ)流れこむ。

土が つぶの 大きさごとに 分かれて (大きい ・ 小さい)つぶから じゅんに 下から 上へ つもり，地そうが てきる。

れき → すな → どろ

火山の はたらきて てきる 地そう
火山の ふん火で 出た **火山ばい**などが 広がって ふりつもる。

2 がけの 左がわと
がけの 右がわに ◯
⑦~⑤の 地そうを
茶色て ぬりましょう。
記号を 書きましょう。

地層は横に広がっているため，左右の崖に見られる地層は同じ順に積み重なっています。

左がわの 地そう / **右がわの 地そう**
貝の 化石
どろ
すな
茶色 ⑦
黄色 ⑦
⑤
右がわの ⑦~⑤の そうの うち，貝の 化石が 見つかるのは (⑦)の そうです。

地そうは，横や おくに 広がり，つながって いるよ。

地層はふつう，下から上へ積み重なるため，下にある層ほど古いと考えられます。

…そうが 見られました。
…火山ばいの そうの
…思いますか。理由も 書きましょう。

古い	理由
火山ばい	(例)下の そうの ほうが 先に つもるから。

14│地しん，火山

標準レベル+

++ + 標準レベル ＋＋ トライ しよう

わたしたちが くらす 日本は，地しんが 多い 土地です。また，火山も 多く あります。地しんや 火山の ふん火に よって 大地の ようすは どのように かわるでしょうか。

1 ◯ の 中の 言葉を なぞりましょう。

地下で 大きな 力が はたらいて 大地が ずれると 地しん が 起こります。

だんそう
大地の ずれの こと。

2 次の 図は 地しんに よる 大地の へんかの ようすです。図と あてはまる せつ明を ━━ で むすびましょう。

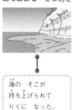 

海の そこが 持ち上げられて りくに なった。

地しんの ゆれで 山が くずれた。

ポイント 地震や火山の噴火による大地の変化について学びます。ご自身がこれまでに経験された大地のエネルギーを感じる出来事があれば，お子さまとお話をしてみてください。

3 火山の ふん火に ついて，◯ の 中の 言葉を なぞりましょう。

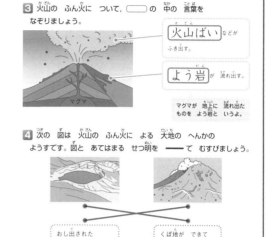

火山ばい などが ふき出す。

よう岩 が 流れ出す。

マグマが 地上に 流れ出た ものを よう岩と いうよ。

4 次の 図は 火山の ふん火に よる 大地の へんかの ようすです。図と あてはまる せつ明を ━━ で むすびましょう。

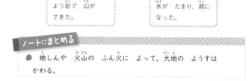

おし出された よう岩で 山が できた。

くぼ地が できて 水が たまり，湖に なった。

ノートにまとめる

● 地しんや 火山の ふん火に よって，大地の ようすは かわる。

14│地しん，火山

ハイレベル++

地しんや 火山の ふん火は，さいがいを もたらす ことが あります。さいがいから 身を 守るために わたしたちは どのような 行動を とれば よいでしょうか。

1 次の 図は 地しんや 火山の ふん火に よる さいがいの れいです。地しんなどの さいがいに そなえて，あなたの 家や 学校では どんな ことを 行って いますか。行って いる ことの（　）に ◯を 書きましょう。

地しんに よる さいがい

つ波が おしよせる。

災害に備えて行っていることに◯を書きましょう。◯がつかなかった項目については，この機会にお子さまと考えてみてください。

さいがいは いつ 起きるか わからないから そなえが 大切だね。

（◯）通学路の きけんな 場所を 調べる。

（◯）ひなんくん練を 行う。

（◯）さいがいが 起きた ときの 家族の 集合場所を 決めて おく。

ポイント 地震や噴火による災害や恵みについて学びます。日本は地震や火山の多い国です。災害について知ることで，いざというときに身を守ることができます。

2 次の ア～ウを 「火山の ねつを 利用した もの」と 「火山が つくり出した 土地を 利用した もの」に わけましょう。

ア
火山ばいの 土地で 育てられる やさい。

イ
火山の ねつで あたためられた 温せん。

ウ

地熱発電は，地下のマグマの熱でつくられた高温の蒸気を利用して発電をおこないます。発電設備をつくるには，その蒸気がたまっているところまで掘削する必要があるため，火山の近くで平坦な，海抜の低い土地が適しています。

大地の 活動は さいがいだけで なく 利用する ことも あるよ。

「火山の ねつを 利用した もの」　　（ イ，ウ ）

「火山が つくり出した 土地を 利用した もの」（　ア　）

しこうりょくトレーニング かんがえよう・つたえよう

★ 地ねつ発電所は どのような ところに たてられやすいと 思いますか。あなたの 考えを 書きましょう。

地ねつ発電は 地下の ねつを 利用している から…。

（例）火山の近くで 高さが 低い ところ。

15│氷と　水，水じょう気

標準レベル+

ポイント 物質が固体，液体，気体とすがたを変えることを状態変化といいます。小学校では，身近な物質である水の状態変化について学びます。

> お子さまと一緒に，鍋などに入れた水が沸騰するようすを観察すると，より理解を深めることができます。
> ※やけどには，十分ご注意ください。

トライしよう

1 次の 図は，水を 火で あたためた ときの ようすです。
　□□ の 中の 言葉を なぞり，あとの 文の （　）に
あてはまる 言葉や 数字を 書きましょう。

温度計

ふっとう
水の 中から さかんに あわが 出る。

水の 温度
100℃

火

水を あたため つづけると，さかんに あわが 出て
（ふっとう）します。ふっとうして いる ときの 水の 温度は
およそ（　100　）℃です。

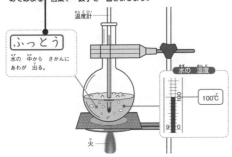

2 （　）に あてはまる 言葉を ○で かこんで，氷を
ひやした ときの ようすを たしかめましょう。

水

水面の
高さ

ひやす。

氷

氷の 高さ

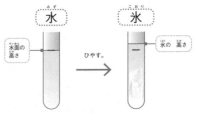

水を ひやすと （氷・お湯）に なります。
水が 氷に なると かさが （大きく・小さく） なります。

> 一般的な物質は液体より固体の体積が小さくなりますが，水は，液体から固体になると体積が大きくなります。

氷は 0 ℃で
氷に なる。

ノートにまとめる
● 水を あたためると およそ 100℃で ふっとうする。
● 水を ひやすと 0℃で こおる。

15│氷と　水，水じょう気

ハイレベル++

ポイント 気体の水である水蒸気について学びます。目に見えない水蒸気の理解は難しいので，67ページまでの学習を通して，いろいろな事例を見ながら理解を深めていきます。

水が ふっとうする ときの あわの 正体は 水蒸気ですが 水の
すがたの へんかを

> 冷凍庫で十分に冷やされた氷は，0℃以下（冷凍室と同じ温度）になっています。あたためられた氷の温度が0℃まで上がると，氷がとけ始めます。

1 （　）に あて
ふっとうさせた

ふっとうさせ つづけた 水の ようす

はじめの
水の
りょう

ふっとうさせ つづけると
水の りょうが
（ふえる・へる）。

2 □□ の 中の 言葉を なぞりましょう。また，（　）に
あてはまる 言葉を 書いて，あたためた 水が へった 理由を
たしかめましょう。

水じょう気
水が 目に 見えない
すがたに かわった もの。

水が へったのは，水が 目に
見えない （水じょう気）に
すがたを かえて 空気中に
出て いったからです。

3 □□ の 中の 数字を なぞり，（　）に あてはまる 言葉を
書いて，氷を あたためた ときの へんかを たしかめましょう。

氷を あたためた ときの すがたの へんか

氷　　　水・氷　　　水　　　水じょう気・水

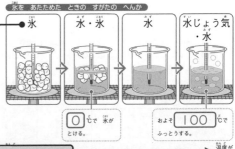

0 ℃で 氷が
とける。

およそ 100℃で
ふっとうする。

温度が
高い

氷→（　水　）→（水じょう気）と

> お子さまが「冷蔵庫は冷たいから氷はとけない」と考えたときは，「冷蔵庫の温度と氷がとける温度を比べてみようか」など，温度に注目するような声かけをしてみてください。

トレーニング　かんがえよう・つたえよう

れいぞう庫の 温度は およそ 5℃です。れいぞう庫に 氷を
入れて おくと どう なると 思いますか。理由も 書きましょう。

とける
とけない

理由（例）れいぞう庫の 温度は 氷が
とける 温度より 高いから。

16 | 身の まわりの 水の へんか

標準 レベル +

ポイント 水の状態変化について，身近な例を見ていきます。水は熱しなくても水蒸気になることや，水蒸気が再び水にもどることを学びます。

〈沸騰と蒸発の違い〉
液体の水を熱したとき，水の内部で液体から気体への変化が起こることを沸騰といいます。これに対して，水の表面で液体から気体への変化が起こり，気体が空気中へ出ていくことを蒸発といいます。

なりました。◯◯の 中の 言葉を なぞりましょう。また，（ ）に あてはまる 言葉を ◯で かこみましょう。

じょう発
水が 目に 見えない 水じょう気に すがたを かえて 空気中に 出て いく こと。

水じょう気
水

はじめの ようす ＜ 2日後

はじめの 水の りょう

水は あたためなくても じょう発するんだ。

水が じょう発して（ ふえた・**へった** ）。

② 次の 図は，水を ふっとうさせた ようすです。①から ③の じゅんに ◯◯の 中の 言葉と ➡ を なぞって，水の すがたの へんかを たしかめましょう。また，あとの 文の（ ）に あてはまる 言葉を ◯で かこみましょう。

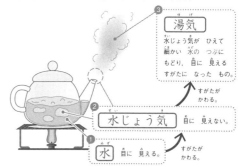

③ **湯気**
水じょう気が ひえて 細かい 水の つぶに もどり，目に 見える すがたに なった もの。

すがたが かわる。

② **水じょう気** 目に 見えない。

すがたが かわる。

① **水** 目に 見える。

水から すがたを かえた 水じょう気は，ひやされると ふたたび 水に（ **もどります**・もどりません ）。

湯気は，目に見えない水蒸気が目に見える水の粒にもどったもので，気体ではなく液体です。沸騰した水から出た水蒸気は，冷やされると再び水にもどります。

---

16 | 身の まわりの 水の へんか

ハイ レベル ++

ポイント 海，雲，雨，雪など，水はいろいろなすがたに変わりながら地球を循環しています。身のまわりのいろいろな水のすがたを，お子さまと一緒にさがしてみてください。

水は すがたの へんかを くり返して います。水の すがたの いろいろな へんかに ついて まとめましょう。

① 次の 図は，水の すがたの へんかを まとめた ものです。あたためる 矢印（⟹）を 赤色に，ひやす 矢印（⟸）を 青色に ぬりましょう。また，あとの 文の（ ）に あてはまる 言葉を ◯で かこみましょう。

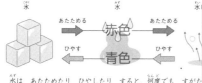

水 水
あたためる　あたためる
赤色
ひやす　ひやす
青色

水は あたためたり ひやしたり すると，何度でも すがたが（ **かわります**・かわりません ）。

② 次の 文の 水の すがたの へんかに ついて，「氷」「水」「水じょう気」から あてはまる 言葉を えらんで，（ ）に 書きましょう。

●水を あたためると 何に なりますか。　（ 水 ）
●水を あたためると 何に なりますか。　（ 水じょう気 ）
●水じょう気を ひや〔 順不同 〕りますか。（ 水 ）
●目に 見えるのは 何と 何ですか。

（ 氷 ）（ 水 ）

③ 次の 図は，水の すがたの へんかを 表して います。図と あてはまる せつ明を ── で むすびましょう。

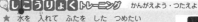

水たまりが かわいて なくなる。

空気中の水蒸気が，ペットボトルの近くで冷やされて水になることで，ペットボトルに水滴としてつきます。ペットボトルはふたをしめているため，水滴はペットボトルの中から出てきたものではないことがわかります。

水が 氷に なる。

水が 水じょう気に なる。

🔍**しこうりょく トレーニング** かんがえよう・つたえよう

★ 水を 入れて ふたを した つめたい ペットボトルを へやに おいて おいたら 外がわに 水てきが つきました。この 水は どこから きたと 思いますか。

（例）空気中から きた。

17 | 電気の 通り道
標準レベル +

回路や電気を通すものについて学びます。図の豆電球が光っているかどうかに注目して、どのようなときに回路ができるかをたしかめてみてください。

標準レベル ＋＋＋ トライしよう

かい中電とうに かん電池を 入れると 明かりが つきます。電気が 通って 明かりが つくのは、どのような ときでしょうか。また、電気を 通す ものには どのような ものが あるでしょうか。

1 ▢ の 中の 言葉と どう線（——）を なぞって、電気の 通り道を たしかめましょう。また、あとの 文の（ ）に あてはまる 言葉や 記号を ○て かこみましょう。

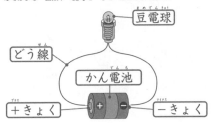

かん電池の ＋きょくと 豆電球、かん電池の
（ ＋ ・ ⊖ ）きょくを どう線で つなぐと、（ 道路 ・ 回路 ）が できて 電気が 通り、豆電球に 明かりが つきます。

2 どう線に いろいろな ものを つないで 豆電球の 明かりが つくか どうかを 調べました。明かりが つく ものの ▢ に ○を かきましょう。また、（ ）に あてはまる 言葉を ○て かこんて、電気を 通す ものと 通さない ものを たしかめましょう。

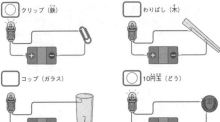

電気を 通すものに どう線を つなぐと 回路が できて 豆電球の 明かりが （ つきます ・ つきません ）。
鉄や どうは 電気を （ 通します ・ 通しません ）が、木やガラスは 電気を （ 通します ・ 通しません ）。

ノートにまとめる

電気を通すものは、金属のほかに炭素などもありますが、小学校の理科では金属を例として学習します。

---

17 | 電気の 通り道
ハイレベル ++

乾電池のつなぎ方や電気を通すものについて、より深く学んでいきます。金属についての理解は、76〜79ページの磁石の学習にもつながります。

1 かん電池に つなぐ どう線を かえて 豆電球に 明かりが つくか、豆電球シールを はって、あとの 文の（ ）に あてはまる 言葉を 書きましょう。

金属には、金属光沢とよばれる独特のかがやきがあります。金属光沢を手がかりに、身のまわりの金属製品を、探してみましょう。

明かりが つく

明かりが つかない

どう線 かん電池

＋きょくと ーきょく

＋きょくと ＋きょく

明かりが つかない

明かりが つかない

「＋きょく」と「ーきょく」が 入れかわっていても 正解です。

電気が 通って 豆電球に 明かりが つくのは、どう線を かん電池の （ ＋きょく と ーきょく ）に つないだ ときです。

2 いろいろな ものに どう線を つないで 豆電球の 明かりが つくかを 調べました。電気を 通す ものの ▢ に ○を かきましょう。また、あとの 文の ▢ の 中の 言葉を なぞって、電気を 通す ものに ついて たしかめましょう。

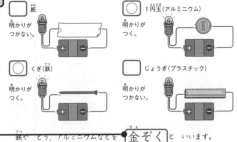

紙
明かりが つかない。

1円玉（アルミニウム）
明かりが つく。

くぎ（鉄）
明かりが つく。

じょうぎ（プラスチック）
明かりが つかない。

鉄や どう、アルミニウムなどを ● 金ぞく と いいます。
金ぞくは 電気を 通します。

しこうりょく トレーニング かんがえよう・つたえよう

★ かん電池、豆電球、はさみを

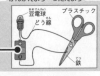

両方の導線を、はさみの鉄の部分につないでいれば、豆電球に明かりがつきます。

18 | 電気の はたらき

標準レベル +

ポイント 乾電池のつなぎ方と，電流の向きや大きさの関係を学ぶための準備として，電流の向きや大きさを視覚的に確認できるモーターを使って，回る向きの変化を調べます。

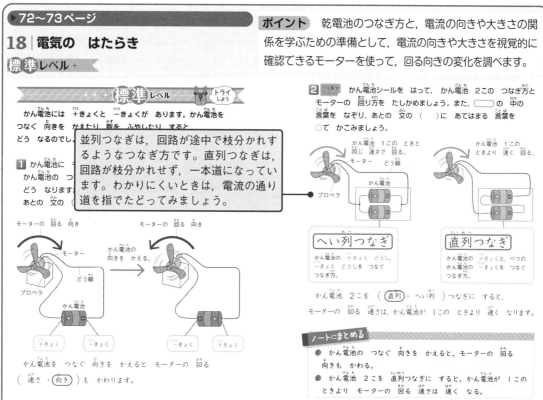

並列つなぎは，回路が途中で枝分かれするようなつなぎ方です。直列つなぎは，回路が枝分かれせず，一本道になっています。わかりにくいときは，電流の通り道を指でたどってみましょう。

かん電池には ＋きょくと ーきょくが あります。かん電池を つなぐ 向きを かえたり 数を ふやしたり すると どう なるのでしょう。

1 かん電池の つ…
かん電池の つ…
どう なります…
あとの 文の（…

かん電池を つなぐ 向きを かえると モーターの 回る
（ 速さ ・**向き** ）も かわります。

2 かん電池シールを はって，かん電池 2この つなぎ方と モーターの 回り方を たしかめましょう。また， ▭ の 中の 言葉を なぞり，あとの 文の（ ）に あてはまる 言葉を ○て かこみましょう。

へい列つなぎ
かん電池の ＋きょく どうし，ーきょく どうしを つなぐ つなぎ方。

直列つなぎ
かん電池の ＋きょくと，べつの かん電池の ーきょくを つなぐ つなぎ方。

かん電池 2こを （ **直列** ・ へい列 ）つなぎに すると，モーターの 回る 速さは，かん電池が 1この ときより 速く なります。

ノートにまとめる
● かん電池の つなぐ 向きを かえると，モーターの 回る 向きも かわる。
● かん電池 2こを 直列つなぎに すると，かん電池が 1この ときより モーターの 回る 速さは 速く なる。

18 | 電気の はたらき

ハイレベル ++

ポイント モーターの回る速さが変化したのはなぜか，電流の大きさに注目して調べます。身のまわりでも，どのように乾電池が使われているか，観察してみましょう。

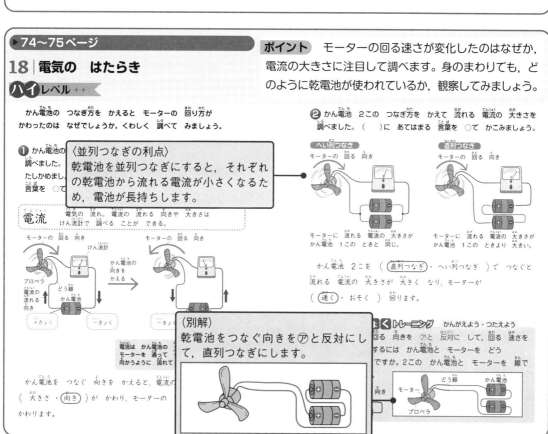

かん電池の つなぎ方を かえると モーターの 回り方が かわったのは なぜでしょうか。くわしく 調べて みましょう。

1 かん電池の…
調べました。
たしかめまし…
言葉を ○て…

〈並列つなぎの利点〉
乾電池を並列つなぎにすると，それぞれの乾電池から流れる電流が小さくなるため，電池が長持ちします。

電流 電気の 流れ。電流の 流れる 向きや 大きさは けん流計で 調べる ことが できる。

かん電池を つなぐ 向きを かえると，電流の
（ 大きさ ・**向き** ）が かわり，モーターの
かわります。

（別解）
乾電池をつなぐ向きを⑦と反対にして，直列つなぎにします。

2 かん電池 2この つなぎ方を かえて 流れる 電流の 大きさを 調べました。（ ）に あてはまる 言葉を ○て かこみましょう。

へい列つなぎ
モーターに 流れる 電流の 大きさが かん電池 1この ときと 同じ。

直列つなぎ
モーターに 流れる 電流の 大きさが かん電池 1この ときより 大きい。

かん電池 2こを （ **直列つなぎ** ・ へい列つなぎ ）で つなぐと 流れる 電流の 大きさが 大きく なり，モーターが
（ **速く** ・ おそく ）回ります。

トレーニング かんがえよう・つたえよう

回る 向きを ⑦と 反対に して，回る 速さを …するには かん電池と モーターを どう…ですか。2この かん電池と モーターを 線で…

19

19 じしゃくの はたらき

標準レベル +

ポイント 磁石の性質について学びます。実験は，身近な磁石でも行うことができ，また，お子さまが興味を持ちやすい分野です。ぜひ，楽しみながら取り組んでみてください。

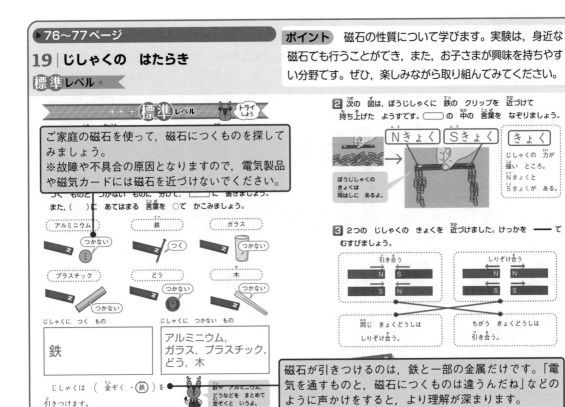

ご家庭の磁石を使って，磁石につくものを探してみましょう。
※故障や不具合の原因となりますので，電気製品や磁気カードには磁石を近づけないでください。

標準レベル トライしよう

つくものと つかない ものに 分けて ◯◯ に 書きましょう。また，（ ）に あてはまる 言葉を ◯で かこみましょう。

アルミニウム — つかない
鉄 — つく
ガラス — つかない
プラスチック — つかない
どう — つかない
木 — つかない

じしゃくに つく もの
鉄

じしゃくに つかない もの
アルミニウム，ガラス，プラスチック，どう，木

じしゃくは （ 金ぞく ・ 鉄 ）を 引きつけます。

鉄や アルミニウム，どうなどを まとめて 金ぞくと いうよ。

② 次の 図は，ぼうじしゃくに 鉄の クリップを 近づけて 持ち上げた ようすです。◯◯ の 中の 言葉を なぞりましょう。

Nきょく　Sきょく　きょく

きょく
じしゃくの 力が 強い ところ。Nきょくと Sきょくが ある。

ぼうじしゃくの きょくは 両はしに あるよ。

③ 2つの じしゃくの きょくを 近づけました。けっかを ―― で むすびましょう。

引き合う　N S / S N
しりぞけ合う　N N / S S

同じ きょくどうしは しりぞけ合う。
ちがう きょくどうしは 引き合う。

磁石が引きつけるのは，鉄と一部の金属だけです。「電気を通すものと，磁石につくものは違うんだね」などのように声かけをすると，より理解が深まります。

19 じしゃくの はたらき

ハイレベル ++

ポイント 磁力は，はなれているもの（鉄）にもはたらくことを学びます。磁石の不思議を感じる経験は，中学校で学習する「はなれているものにはたらく力」につながります。

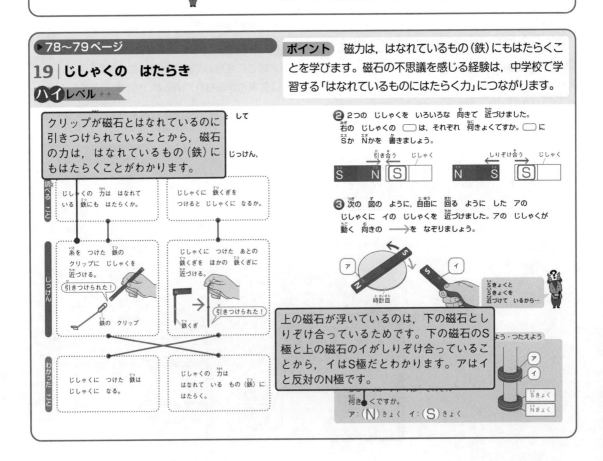

クリップが磁石とはなれているのに引きつけられていることから，磁石の力は，はなれているもの（鉄）にもはたらくことがわかります。

調べること
じしゃくの 力は はなれている 鉄にも はたらくか。
じしゃくに 鉄くぎを つけると じしゃくに なるか。

じっけん
糸を つけた 鉄の クリップに じしゃくを 近づける。
引きつけられた！
鉄の クリップ

じしゃくに つけた あとの 鉄くぎを ほかの 鉄くぎに 近づける。
引きつけられた！
鉄くぎ

わかったこと
じしゃくに つけた 鉄は じしゃくに なる。
じしゃくの 力は はなれている もの（鉄）に はたらく。

② 2つの じしゃくを いろいろな 向きで 近づけました。右の じしゃくの ◯◯ は，それぞれ 何きょくですか。◯◯ に Sか Nを 書きましょう。

引き合う じしゃく
S N　S

しりぞけ合う じしゃく
N S　S

③ 次の 図の ように，自由に 回る ように した アの じしゃくに イの じしゃくを 近づけました。アの じしゃくが 動く 向きの ―→ を なぞりましょう。

ア　イ
時計皿
Nきょくと Sきょくを 近づけて いるから…

上の磁石が浮いているのは，下の磁石としりぞけ合っているためです。下の磁石のS極と上の磁石のイがしりぞけ合っていることから，イはS極だとわかります。アはイと反対のN極です。

何きょくですか。
ア：（N）きょく　イ：（S）きょく

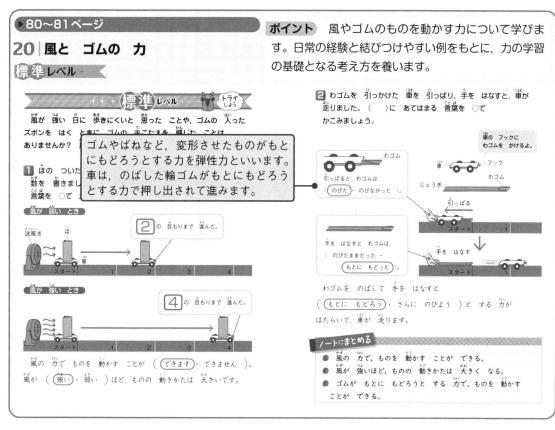

▶80〜81ページ

20 | 風と ゴムの 力

標準レベル +

++ + 標準レベル トライ しよう

風が 強い 日に 歩きにくいと 思った ことや，ゴムの 入った ズボンを はく ときに ゴムの 手ごたえを 感じた ことは ありませんか？

ゴムやばねなど，変形させたものがもとにもどろうとする力を弾性力といいます。車は，のばした輪ゴムがもとにもどろうとする力で押し出されて進みます。

❶ ほの ついた 数を 書きましょう。言葉を ○て かこみましょう。

風が 弱い とき

送風き は 2 の 目もりまで 進んだ。
スタート 1 2 3 4

風が 強い とき

4 の 目もりまで 進んだ。
スタート 1 2 3 4

風の 力で ものを 動かす ことが （ できます ・ できません ）。
風が （ 強い ・ 弱い ）ほど，ものの 動きかたは 大きいです。

ポイント
風やゴムのものを動かす力について学びます。日常の経験と結びつけやすい例をもとに，力の学習の基礎となる考え方を養います。

❷ わゴムを 引っかけた 車を 引っぱり，手を はなすと，車が 走りました。（ ）に あてはまる 言葉を ○て かこみましょう。

車の フックに わゴムを かけるよ。

車 フック わゴム じょうぎ

引っぱると わゴムは
（ のびた ・ のびなかった ）。

手を はなす
スタート 1

手を はなすと わゴムは
（ のびたままだった ・ もとに もどった ）。

わゴムを のばして 手を はなすと
（ もとに もどろう ・ さらに のびよう ）と する 力が はたらいて，車が 走ります。

ノートにまとめる
● 風の 力で，ものを 動かす ことが できる。
● 風が 強いほど，ものの 動きかたは 大きく なる。
● ゴムが もとに もどろうと する 力で，ものを 動かす ことが できる。

▶82〜83ページ

20 | 風と ゴムの 力

ハイレベル ++

わゴムの 使い方を くふうしたら，車は 速く なるでしょうか。ゴムの 力に ついて，じっけんして みましょう。

❶ わゴムを ア〜ウの ように して のばした ときの 手ごたえを 調べました。（ ）に あてはまる 言葉を ○て かこみましょう。

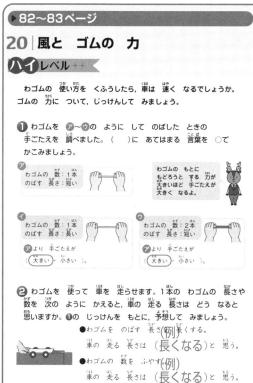

ア わゴムの 数：1本 のばす 長さ：短い

わゴムの もとに もどろうと する 力が 大きいほど 手ごたえが 大きく なるよ。

イ わゴムの 数：1本 のばす 長さ：長い
アより 手ごたえが （ 大きい ・ 小さい ）。

ウ わゴムの 数：2本 のばす 長さ：短い
アより 手ごたえが （ 大きい ・ 小さい ）。

❷ わゴムを 使って 車を 走らせます。1本の わゴムの 長さや 数を 次の ように かえると，車の 走る 長さは どう なると 思いますか。❶の じっけんを もとに，予想して みましょう。
●わゴムの のばす 長さを （例）長く する。
車の 走る 長さは （長くなる）と 思う。
●わゴムの 数を ふやす（例）
車の 走る 長さは （長くなる）と 思う。

ポイント
ゴムの 力を 大きくする 方法を 考えます。❶の実験を根拠に❷で予想を立て，さらに❸の実験を経て結果をまとめることで，理科の学習のプロセスについても学びます。

❸ 次の 図は，わゴムの 数や のばす 長さを かえて 車を 走らせた ようすです。あとの 文の （ ）に あてはまる

ここまでの学習を終えたお子さまから，「輪ゴムを2本にして長くのばしたら，もっと距離が長くなると思う」という考えが出るかもしれません。その際は，複数の方法を組み合わせて考えられたことをほめてあげてください。車の実験でたしかめることは難しいですが，❶のような，指で輪ゴムをのばす実験を行うと，手ごたえのちがいを体感することができます。

わゴムの 数：2本 のばす 長さ：短い
スタート 1 2 3 4

わゴムの のばす 長さを （ 長く ・ 短く ）すると，車の 走る 長さは 長く なります。わゴムの 数を （ ふやす ・ へらす ）と，車の 走る 長さは 長く なります。

しこうりょくトレーニング かんがえよう・つたえよう
★ 風や ゴムの 力を 利用して いる ものを さがして たくさん 書きましょう。

（例）風車，風力発電，ヨット，たこ，ゴム鉄ぽうなど

21 | ものの 重さと 形

標準レベル +

ポイント ものの重さ（質量）と形の関係について学びます。問題に対して，予想をして，比較し，理解を深めていきます。

+ + + 標準レベル → トライしよう

ものには 重さが あります。ものの 形を かえると ものの 重さは どう なると 思いますか。たしかめて みましょう。

1 ひかるさんは 体重計の のり方に よ□□ 知りたいと 思いました。**イ**, **ウ**の体重□□ しめすと 思いますか。（ ）に あなた□

> ご自宅に体重計がありましたら，実験をしてみてください。

重さの 表し方

ものの 重さは グラムや キログラムという たんいで 表します。 1キログラムは 1000グラムです。

重さの たんいの 書き方
1g　1kg

> 「予想」なので，どんな値でも○です。
> 予想を立てるときに大切なのは根拠です。お子さまに「どうしてそう思ったのかな？」と声をかけると，改めてお子さま自身が根拠をふり返ることになり，より深い学びにつながります。

（（例） 25 ）kg　　（（例） 25 ）kg

2 ひかるさんは いろいろな のり方で 体重計に のりました。重さシールを はって **1**の けっかを たしかめましょう。

ア 両足で のる。　25kg
イ かた足で のる。　25kg
ウ すわって のる。　25kg

●体重計の しめす 重さは のり方に よって かわりますか，かわりませんか。（ かわりません。 ）
（ （かわらない。） ）

3 ねんどの 重さを はかると 100グラムでした。ねんどの 形を かえて 重さを はかると 何グラムに なりますか。絵や あとの 文の（ ）に あてはまる 数字や 言葉を 書いて，ものの 重さについて たしかめましょう。

ねんど 100g　形を かえる → （ 100 ）g

ものの 重さは 形に よって （ かわりません。 ）
（ （かわらない。） ）

ノートにまとめる

● 形を かえても ものの 重さは かわらない。

---

21 | ものの 重さと 形

ハイレベル ++

ポイント 同じ大きさで比べたものの重さ（密度）について学びます。浮力は中学校でくわしく学習しますが，中学受験では度々取り上げられる内容でもあります。

重さは ものに よって ちがうのでしょうか。いろいろな ものの 重さを，同じ 大きさに して くらべて みましょう。

1 同じ□□ □□ あては□□
…

> 水に入れた物体には，物体の体積と等しい体積の水の重さの浮力がはたらきます。（100cm³の物体であれば100g分の浮力がはたらきます。）そのため，水より密度の小さいものは浮き，密度の大きいものは沈みます。

はかり　787g　　91g
※ポリプロピレン

木　　アルミニウム

34g

水　100g

> 正確には「同じ大きさで比べたとき」という条件がつきますが，今の段階では水と重さを比べて考えることができれば○です。

●5つの ものを 重い ものから じゅんに ならべましょう。
（ 鉄 ）→（アルミニウム）→（ 水 ）
→（プラスチック）→（ 木 ）

●同じ 大きさの ものの 重さは，ものに よって ちがいますか，同じですか。（ ちがいます。 ）
（ （ちがう。） ）

2 **1**で 重さを くらべた 4つの ものを 水に 入れる じっけんを すると，次の 図の ように ういたり しずんだり しました。（ ）に あてはまる 言葉を 書きましょう。

うく　プラスチック※
しずむ　木／水　鉄　アルミニウム

※プラスチックは しゅるいに よって うく ものと しずむ ものが あります。

水と ほかの ものの 重さを くらべて みると…

順不同

●水に ういた ものは どれと どれですか。
（ プラスチック ）（ 木 ）

□□□□は どれと どれですか。
（ 鉄 ）（ アルミニウム ）

●じっけんから，水に うく ものは，水と くらべて どのような 重さの ものだと わかりますか。
（例）水より 軽い もの。

しこうりょくトレーニング　かんがえよう・つたえよう

★ 水に 氷を 入れると 氷は うきます。この ことから どのような ことが わかりますか。

（例）氷は 水より 軽いこと。

2 1 0 9 8 7 6 5 4 3
* * D C B A